2019 年全国水产养殖动物主要病原菌耐药性监测分析报告

全国水产技术推广总站 编

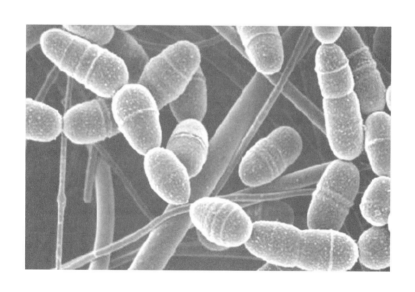

中国农业出版社

北 京

图书在版编目（CIP）数据

2019年全国水产养殖动物主要病原菌耐药性监测分析报告／全国水产技术推广总站编．—北京：中国农业出版社，2020.8
　ISBN 978-7-109-27078-7

　Ⅰ.①2… Ⅱ.①全… Ⅲ.①水产动物－病原细菌－抗药性－研究报告－中国－2019　Ⅳ.①S941.42

中国版本图书馆CIP数据核字（2020）第127507号

2019年全国水产养殖动物主要病原菌耐药性监测分析报告

2019 NIAN QUANGUO SHUICHAN YANGZHI DONGWU ZHUYAO BINGYUANJUN
NAIYAOXING JIANCE FENXI BAOGAO

中国农业出版社出版
地址：北京市朝阳区麦子店街18号楼
邮编：100125
责任编辑：王金环
版式设计：王　晨　责任校对：赵　硕
印刷：中农印务有限公司
版次：2020年8月第1版
印次：2020年8月北京第1次印刷
发行：新华书店北京发行所
开本：787mm×1092mm　1/16
印张：7.25
字数：160千字
定价：38.00元

版权所有·侵权必究
凡购买本社图书，如有印装质量问题，我社负责调换。
服务电话：010-59195115　010-59194918

本书编委会

主　　编　于秀娟　陈家勇

副主编　曾　昊　冯东岳　胡　鲲　陈　艳

参编人员（按姓氏笔画排序）

丁雪燕　马　骞　王　飞　王　禹　王　姝

王　菁　王小亮　方　苹　邓玉婷　石　峰

卢伶俐　冉　路　吕晓楠　朱　涛　朱凝瑜

刘肖汉　许钦涵　杨　蕾　杨凤香　杨梓楠

杨雪冰　吴　斌　吴亚锋　沈锦玉　宋晨光

张　文　张　志　张凤贤　张利平　陈　颖

陈　静　陈玉露　陈学洲　陈燕婷　林　丹

林华剑　赵良炜　胡大胜　施金谷　姜　兰

秦玉广　倪　军　徐小雅　徐玉龙　徐胜威

徐赟霞　郭欣硕　唐　姝　康建平　梁倩蓉

梁静真　蒋红艳　韩进刚　韩育章　温周瑞

黎姗梅　潘秀莲

审核专家（按姓氏笔画排序）

万夕和　王　飞　邓玉婷　沈锦玉　姜　兰

为了抑制或杀灭水产养殖动物的病原菌，从而达到科学、精准治疗水产养殖动物细菌性疾病的目标，自 2015 年起，受农业农村部渔业渔政管理局委托，全国水产技术推广总站（以下简称"总站"）组织开展了"水产养殖动物主要病原菌耐药性监测"工作。耐药性状况监测数据可为水产养殖病害防控提供科学依据，对促进水产养殖业减量用药、科学用药，确保水产品质量安全，实现产业转型升级和绿色高质量发展具有重要意义。

2019 年，总站组织北京、河北、河南等 13 个省份的水产技术推广机构（水生动物疫病预防控制中心）对 8 种水产用抗生素开展了耐药性监测工作。总站制定了《水产养殖动物主要病原菌耐药性监测工作实施方案》和《水产养殖动物主要病原菌耐药性监测技术操作规范》，内容涉及样品采集表、测试数据记录表、数据汇总表和分析报告模板等，以保证监测工作顺利完成。

本书的出版得到各地水产技术推广机构、水生动物疫病预防控制机构、相关高校以及养殖生产一线人员的大力支持，在此表示诚挚的感谢！

诚然，由于对全国水产养殖动物主要病原菌耐药性的持续监测工作开展时间相对较短，相关技术手段，数据分析等的系统性、规范性仍需要不断完善，书中难免存在不足，加之编者水平所限，错误与疏漏之处敬请广大读者批评指正，以期共同提升我国水产养殖动物病原菌耐药性监测工作的质量与水平。

编　者

2020 年 6 月

CONTENTS | 目录

综 合 篇

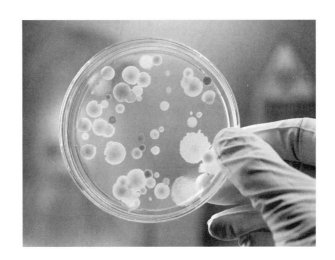

2019 年全国水产养殖动物主要病原菌耐药性状况分析

一、2019 年全国监测状况

1. 监测细菌种类、来源及数量

2019 年，全国水产技术推广总站组织北京、天津、辽宁等 13 个省、自治区、直辖市开展了水产养殖动物病原菌耐药性监测工作，全年共分离到水产养殖动物病原菌 1 263 株（表 1）。

表 1　水产养殖动物病原菌来源及背景

序　　号	监测地	病原菌来源	分离细菌数量（株）
1	北京	金鱼、虹鳟	40
2	天津	鲤、鲫	64
3	重庆	鲫	53
4	辽宁	大菱鲆	390
5	河北	鲤、草鱼	49
6	河南	黄河鲤、斑点叉尾鮰	47
7	山东	乌鳢、加州鲈	11
8	江苏	草鱼、鲫、鲥	182
9	浙江	中华鳖、加州鲈、黄颡鱼	162
10	湖北	鲫	104
11	福建	大黄鱼	67
12	广东	罗非鱼	64
13	广西	罗非鱼	30
	合计		1 263

2. 监测药物种类

2019 年，针对恩诺沙星、硫酸新霉素、甲砜霉素、氟苯尼考、盐酸多西环素、氟甲喹、磺胺间甲氧嘧啶钠和磺胺甲噁唑/甲氧苄啶 8 种水产用抗菌药物开展耐药性监测。

3. 主要监测结果

（1）主要病原菌种类

从我国草鱼、鲫、鲈、罗非鱼等主要大宗水产养殖动物及金鱼等观赏鱼类中均分离出对不同抗菌药物具有耐药性的病原菌，其中包括气单胞菌、弧菌、肠杆菌、柠檬酸杆菌、链球菌等主要水产养殖动物病原菌。

（2）主要抗菌药物的耐药性对比

我国主要水产养殖区水产养殖动物病原菌对恩诺沙星、硫酸新霉素、甲砜霉素、氟苯尼考、盐酸多西环素、氟甲喹、磺胺间甲氧嘧啶钠和磺胺甲噁唑/甲氧苄啶等 8 种水产用抗菌药物的耐药水平具有较大的差异性。

以全年获取的监测数据为依据，氟苯尼考显出较高耐药水平，其 MIC_{90} 平均值为 89.98 $\mu g/mL$，比其耐药临界值（8 $\mu g/mL$）高出 11.2 倍。恩诺沙星、磺胺甲噁唑/甲氧苄啶和盐酸多西环素的耐药水平相对较高，其 MIC_{90} 平均值分别为 21.99 $\mu g/mL$、313.34 $\mu g/mL$ 和 36.21 $\mu g/mL$，比这 3 种药物的耐药临界值分别高出 5.5 倍、4 倍和 2.3 倍（恩诺沙星、磺胺甲噁唑/甲氧苄啶和盐酸多西环素的耐药临界值分别为 4 $\mu g/mL$、79 $\mu g/mL$ 和 16 $\mu g/mL$）。甲砜霉素和氟甲喹与同类药物相比，其耐药水平也相对较高，其 MIC_{90} 平均值分别为 123.16 $\mu g/mL$ 和 176.75 $\mu g/mL$。硫酸新霉素与同类药物相比，耐药水平较低，MIC_{90} 平均值为 18.03 $\mu g/mL$（图1）。

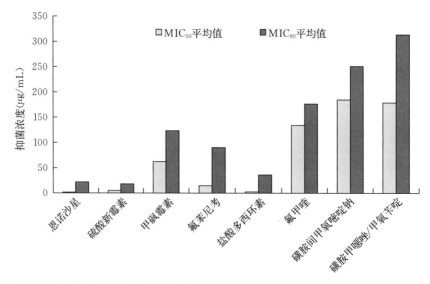

图 1　监测区域的水产养殖动物病原菌对恩诺沙星等 8 种抗菌药物的平均耐药性状况

（3）不同地区对主要抗菌药物的耐药性

① 广东、河南、浙江地区对恩诺沙星的耐药性风险高于全国平均水平，建议当地在水生动物执业兽医指导下，谨慎使用该类药物治疗水产养殖动物疾病。

② 河南、江苏、浙江地区对硫酸新霉素的耐药性风险高于全国平均水平，建议当地在水生动物执业兽医指导下，谨慎使用该类药物治疗水产养殖动物疾病。

③ 天津、福建、河南、江苏、浙江、广东地区对甲砜霉素的耐药性风险高于全国平均水平，建议当地在水生动物执业兽医指导下，谨慎使用该类药物治疗水产养殖动物疾病。

④ 福建、河南、江苏、浙江地区对氟苯尼考的耐药性风险高于全国平均水平，建议当地在水生动物执业兽医指导下，谨慎使用该类药物治疗水产养殖动物疾病。

⑤ 河南、江苏、浙江地区对盐酸多西环素的耐药性风险高于全国平均水平，建议当地在水生动物执业兽医指导下，谨慎使用该类药物治疗水产养殖动物疾病。

⑥ 北京、天津、河南、江苏、浙江和湖北地区对氟甲喹的耐药性风险高于全国平

均水平，建议当地在水生动物执业兽医指导下，谨慎使用该类药物治疗水产养殖动物疾病。

⑦ 天津、河南、浙江和广东地区对磺胺类药物的耐药性风险高于全国平均水平，建议当地在水生动物执业兽医指导下，谨慎使用该类药物治疗水产养殖动物疾病。

4. 对不同药物的耐药性状况

不同水产养殖区域水产养殖动物病原菌对不同种类药物的敏感性差异较大。

（1）恩诺沙星

2019 年，监测地区水产养殖动物病原菌对于恩诺沙星的 MIC_{50} 和 MIC_{90} 分别为 $1.52\ \mu g/mL$ 和 $21.99\ \mu g/mL$；MIC_{90} 平均值高于其耐药临界值 5.5 倍。广东、河南和浙江显示出较高的耐药水平（图 2）。

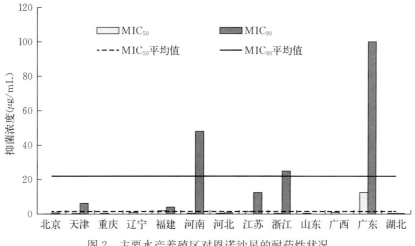

图 2　主要水产养殖区对恩诺沙星的耐药性状况

（2）硫酸新霉素

2019 年，监测地区水产养殖动物病原菌对于硫酸新霉素的 MIC_{50} 和 MIC_{90} 分别为 $5.06\ \mu g/mL$ 和 $18.03\ \mu g/mL$；河南、江苏和浙江显示出较高的耐药水平（图 3）。

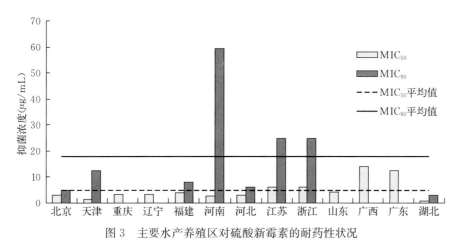

图 3　主要水产养殖区对硫酸新霉素的耐药性状况

(3) 甲砜霉素

2019 年，监测地区水产养殖动物病原菌对于甲砜霉素的 MIC_{50} 和 MIC_{90} 分别为 62.27 $\mu g/mL$ 和 123.16 $\mu g/mL$。在全国监测范围内，对于甲砜霉素均显现出较高耐药水平，其中天津、河南、江苏和浙江耐药水平最高（图 4）。

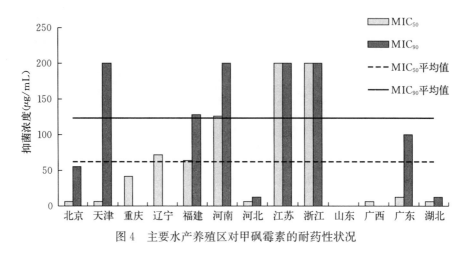

图 4 主要水产养殖区对甲砜霉素的耐药性状况

(4) 氟苯尼考

2019 年，监测地区水产养殖动物病原菌对于氟苯尼考的 MIC_{50} 和 MIC_{90} 分别为 14.43 $\mu g/mL$ 和 89.98 $\mu g/mL$；MIC_{90} 平均值高于其耐药临界值 11.2 倍。河北、江苏、浙江和福建显示出较高的耐药水平（图 5）。

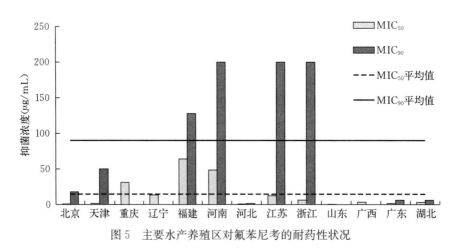

图 5 主要水产养殖区对氟苯尼考的耐药性状况

(5) 盐酸多西环素

2019 年，监测地区水产养殖动物病原菌对于盐酸多西环素的 MIC_{50} 和 MIC_{90} 分别为 2.43 $\mu g/mL$ 和 36.21 $\mu g/mL$；MIC_{90} 平均值高于其耐药临界值 2.3 倍。江苏、浙江和河南显示出较高的耐药水平（图 6）。

(6) 氟甲喹

2019 年，监测地区水产养殖动物病原菌对于氟甲喹的 MIC_{50} 和 MIC_{90} 分别为 133.84 $\mu g/mL$

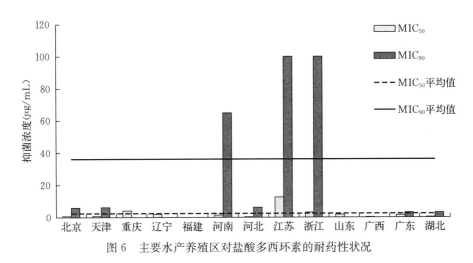

图 6　主要水产养殖区对盐酸多西环素的耐药性状况

和 176.75 μg/mL。在全国监测范围内，各地对于氟甲喹均显现出较高耐药水平，其中北京、天津、河南、江苏、浙江和湖北耐药水平最高（图 7）。

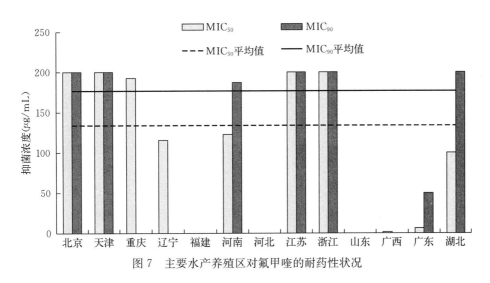

图 7　主要水产养殖区对氟甲喹的耐药性状况

（7）磺胺间甲氧嘧啶钠

2019 年，监测地区水产养殖动物病原菌对于磺胺间甲氧嘧啶钠的 MIC_{50} 和 MIC_{90} 分别为 184.86 μg/mL 和 250.85 μg/mL。天津、河南和浙江耐药水平最高（图 8）。

（8）磺胺甲噁唑/甲氧苄啶

2019 年，监测地区水产养殖动物病原菌对于磺胺甲噁唑/甲氧苄啶的 MIC_{50} 和 MIC_{90} 分别为 178.85 μg/mL 和 313.34 μg/mL；MIC_{90} 平均值高于其耐药临界值 4 倍。在全国监测范围内，各地对于磺胺甲噁唑/甲氧苄啶均显示出较高耐药水平，其中天津、河南、浙江和广东的耐药水平最高（图 9）。

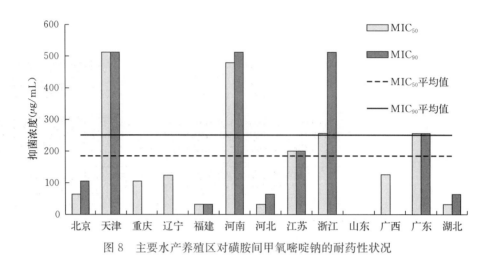

图 8　主要水产养殖区对磺胺间甲氧嘧啶钠的耐药性状况

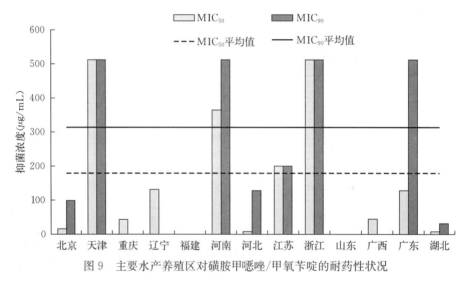

图 9　主要水产养殖区对磺胺甲噁唑/甲氧苄啶的耐药性状况

5. 不同水产养殖区的耐药性状况

(1) 北京

2019 年北京水产养殖耐药性监测，从金鱼、虹鳟等水产养殖动物体内分离细菌合计 40 株（图 10）。

测试了以上菌株对恩诺沙星、硫酸新霉素等 8 类渔药的耐药性（图 11）。测试结果显示，北京分离的细菌菌株对氟甲喹耐药水平最高，对恩诺沙星、硫酸新霉素和盐酸多西环素的耐药水平较低。

(2) 天津

2019 年天津水产养殖耐药性监测，从鲤、鲫等水产养殖动物体内分离细菌合计 64 株（图 12）。

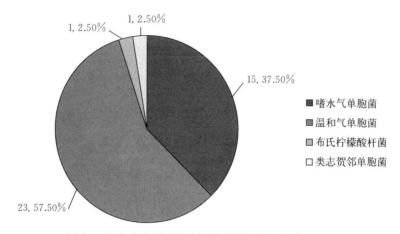

图 10 北京分离测试的病原菌分类统计（合计 40 株）

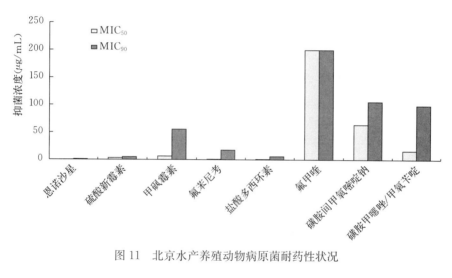

图 11 北京水产养殖动物病原菌耐药性状况

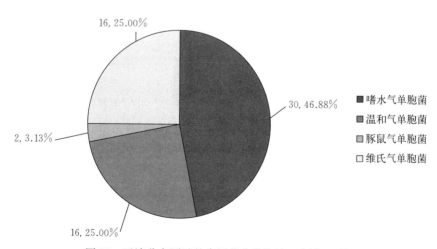

图 12 天津分离测试的病原菌分类统计（合计 64 株）

测试了以上菌株对恩诺沙星、硫酸新霉素等8类渔药的耐药性（图13）。测试结果显示，天津分离的细菌菌株对磺胺类药物（磺胺间甲氧嘧啶钠、磺胺甲噁唑/甲氧苄啶）耐药水平最高，对硫酸新霉素和盐酸多西环素的耐药水平较低。

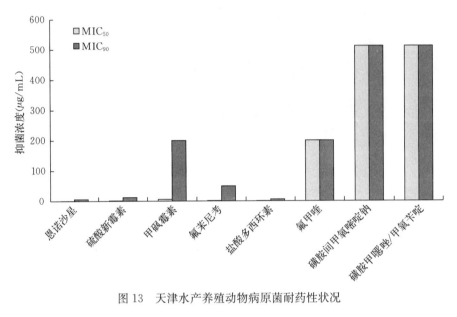

图13　天津水产养殖动物病原菌耐药性状况

（3）重庆

2019年重庆水产养殖耐药性监测，从鲫等水产养殖动物体内分离细菌合计53株（图14）。

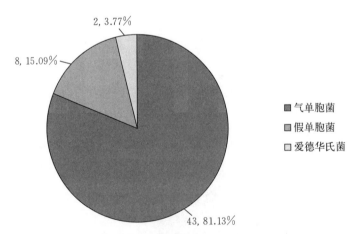

图14　重庆分离测试的病原菌分类统计（合计53株）

测试了以上菌株对恩诺沙星、硫酸新霉素等8类渔药的耐药性（图15）。测试结果显示，重庆分离的细菌菌株对氟甲喹耐药水平最高（MIC_{50}为192.63 $\mu g/mL$），对恩诺沙星、硫酸新霉素和盐酸多西环素的耐药水平较低。

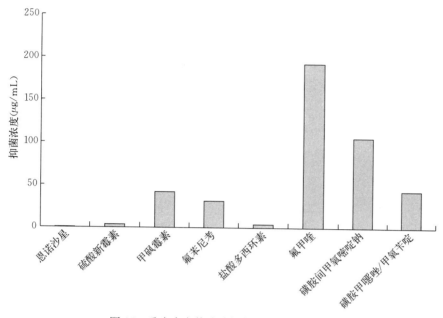

图 15　重庆水产养殖动物病原菌耐药性状况

（4）辽宁

2019 年辽宁水产养殖耐药性监测，从大菱鲆等水产养殖动物体内分离细菌合计 233 株（图 16）。

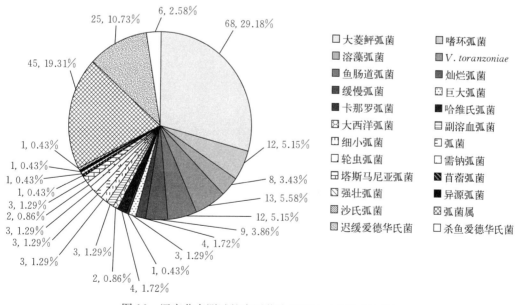

图 16　辽宁分离测试的病原菌分类统计（合计 233 株）

测试了以上菌株对恩诺沙星、硫酸新霉素等 8 类渔药的耐药性（图 17）。测试结果显示，辽宁分离的细菌菌株对磺胺甲噁唑/甲氧苄啶耐药水平较高，对恩诺沙星、硫酸新霉素和盐酸多西环素的耐药水平较低。

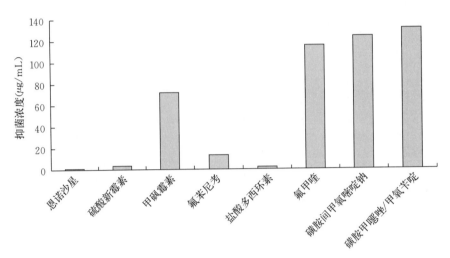

图 17 辽宁水产养殖动物病原菌耐药性状况

（5）河北

2019 年河北水产养殖耐药性监测，从鲤、草鱼等水产养殖动物体内分离细菌合计 49 株（图 18）。

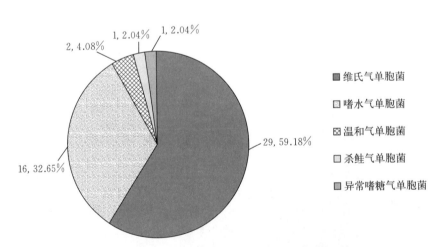

图 18 河北分离测试的病原菌分类统计（合计 49 株）

测试了以上菌株对恩诺沙星、硫酸新霉素等 7 类渔药的耐药性（图 19）。测试结果显示，河北分离的细菌菌株对磺胺类药物（磺胺甲噁唑/甲氧苄啶）耐药水平较高，对恩诺沙星、硫酸新霉素、甲砜霉素、氟苯尼考和盐酸多西环素的耐药水平较低。

（6）河南

2019 年河南水产养殖耐药性监测，从黄河鲤、斑点叉尾鮰等水产养殖动物体内分离细菌合计 47 株（图 20）。

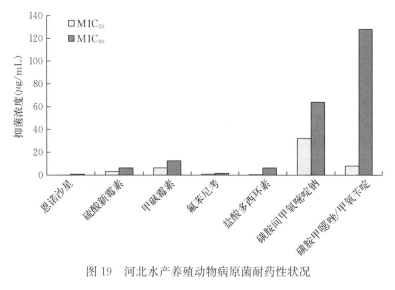

图 19   河北水产养殖动物病原菌耐药性状况

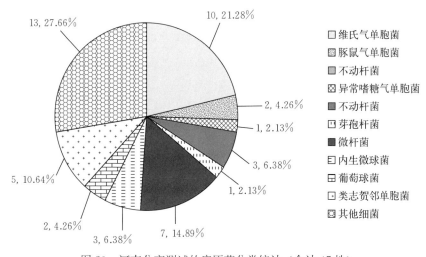

图 20   河南分离测试的病原菌分类统计（合计 47 株）

测试了以上菌株对恩诺沙星、硫酸新霉素等 8 类渔药的耐药性（图 21）。测试结果显示，河南分离的细菌菌株对磺胺类药物（磺胺间甲氧嘧啶钠、磺胺甲噁唑/甲氧苄啶）、甲砜霉素、氟苯尼考和恩诺沙星耐药水平较高，对其他药物耐药水平处在中等水平。

（7）山东

2019 年山东水产养殖耐药性监测，从乌鳢、加州鲈等水产养殖动物体内分离细菌合计 11 株。

测试了以上菌株对恩诺沙星、硫酸新霉素等 4 类渔药的耐药性（图 22）。测试结果显示，山东分离的细菌菌株对 4 类受试药物的耐药水平都较低。

（8）江苏

2019 年江苏水产养殖耐药性监测，从中华鳖、加州鲈、黄颡鱼 3 种水产养殖动物体内分离细菌合计 182 株（图 23）。

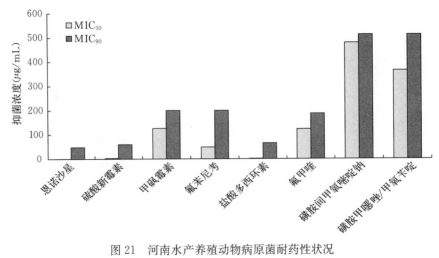

图 21　河南水产养殖动物病原菌耐药性状况

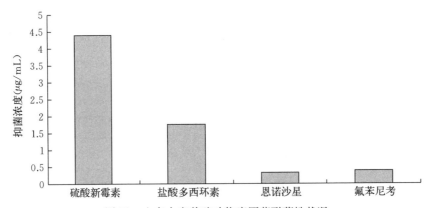

图 22　山东水产养殖动物病原菌耐药性状况

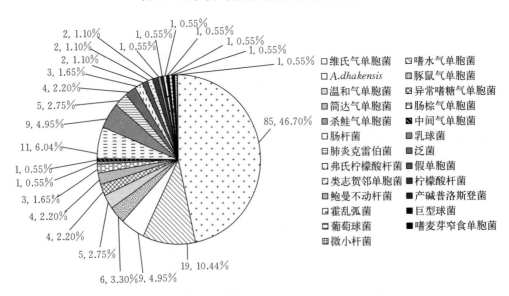

图 23　江苏分离测试的病原菌分类统计（合计 182 株）

测试了以上菌株对恩诺沙星、硫酸新霉素等 8 类渔药的耐药性（图 24）。测试结果显示，江苏分离的细菌菌株对甲砜霉素、氟甲喹、磺胺类药物（磺胺间甲氧嘧啶钠、磺胺甲噁唑/甲氧苄啶）、氟苯尼考、恩诺沙星和盐酸多西环素的耐药水平相对较高，对硫酸新霉素的耐药水平相对较低。

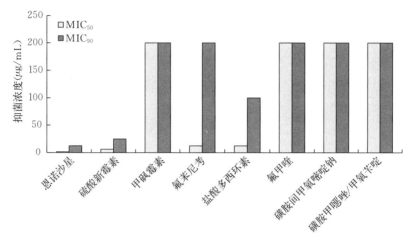

图 24　江苏水产养殖动物病原菌耐药性状况

（9）浙江

2019 年浙江水产养殖耐药性监测，从中华鳖、加州鲈、黄颡鱼等水产养殖动物体内分离细菌合计 162 株（图 25）。

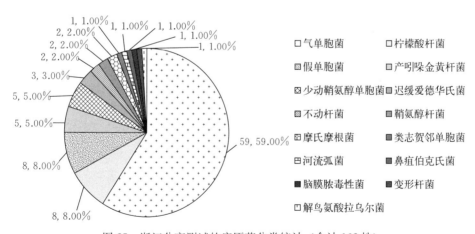

图 25　浙江分离测试的病原菌分类统计（合计 162 株）

测试了以上菌株对恩诺沙星、硫酸新霉素等 8 类渔药的耐药性（图 26）。测试结果显示，浙江分离的细菌菌株对磺胺类药物（磺胺间甲氧嘧啶钠、磺胺甲噁唑/甲氧苄啶）、甲砜霉素、氟苯尼考、盐酸多西环素、氟甲喹和恩诺沙星的耐药水平较高，对硫酸新霉素的耐药水平相对较低。

（10）湖北

2019 年湖北水产养殖耐药性监测，从水产养殖动物体内分离细菌合计 100 株（图 27）。

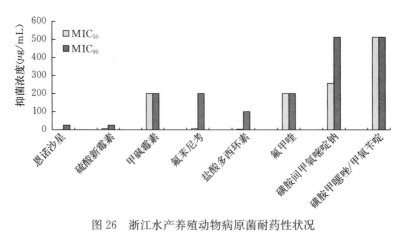

图 26　浙江水产养殖动物病原菌耐药性状况

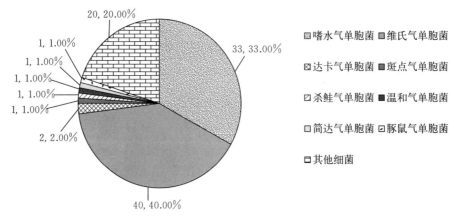

图 27　湖北分离测试的病原菌分类统计（合计 100 株）

　　测试了以上菌株对恩诺沙星、硫酸新霉素等 8 类渔药的耐药性（图 28）。测试结果显示，湖北分离的细菌菌株对氟甲喹耐药水平最高（MIC_{50} 和 MIC_{90} 分别为 $100\ \mu g/mL$ 和 $200\ \mu g/mL$），对恩诺沙星、硫酸新霉素、甲砜霉素、氟苯尼考、盐酸多西环素的耐药水平较低。

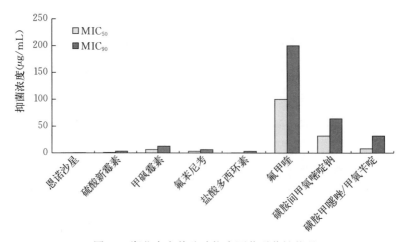

图 28　湖北水产养殖动物病原菌耐药性状况

（11）福建

2019 年福建水产养殖耐药性监测，从大黄鱼、鳗鲡等水产养殖动物体内分离细菌合计 67 株（图 29）。

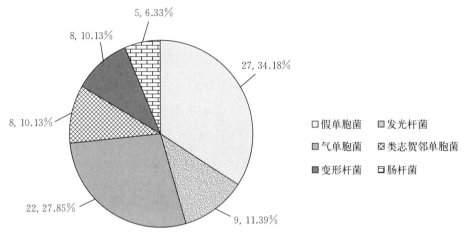

图 29　福建分离测试的病原菌分类统计（合计 67 株）

测试了以上菌株对恩诺沙星、硫酸新霉素等 7 类渔药的耐药性（图 30）。测试结果显示，福建分离的细菌菌株对氨苄西林钠、甲砜霉素、氟苯尼考、盐酸多西环素的耐药水平较高，对磺胺类药物（磺胺间甲氧嘧啶钠、磺胺甲噁唑/甲氧苄啶）、硫酸新霉素、恩诺沙星的耐药水平较低。

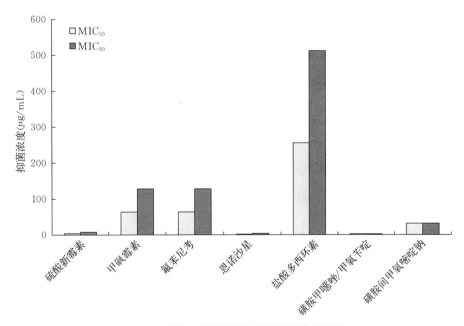

图 30　福建水产养殖动物病原菌耐药性状况

(12) 广东

2019 年广东水产养殖耐药性监测，从乌鳢、罗非鱼等水产养殖动物体内分离细菌合计 64 株（图 31）。

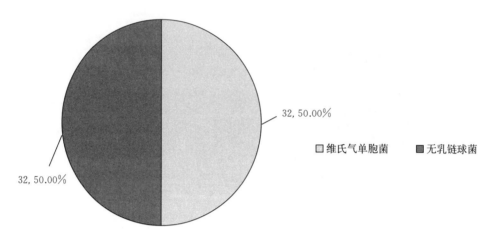

图 31 广东分离测试的病原菌分类统计（合计 64 株）

测试了以上菌株对恩诺沙星、硫酸新霉素等 8 类渔药的耐药性（图 32）。测试结果显示，广东分离的细菌菌株对磺胺类药物（磺胺甲噁唑/甲氧苄啶）、恩诺沙星、硫酸新霉素的耐药水平较高，对氟苯尼考、盐酸多西环素的耐药水平相对较低。

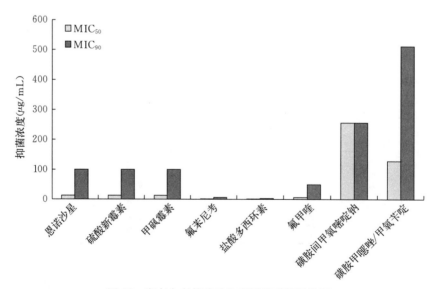

图 32 广东水产养殖动物病原菌耐药性状况

(13) 广西

测试了菌株对恩诺沙星、硫酸新霉素等 8 类渔药的耐药性（图 33）。测试结果显示，广西分离的细菌菌株对受试的各类药物的耐药水平均较低。

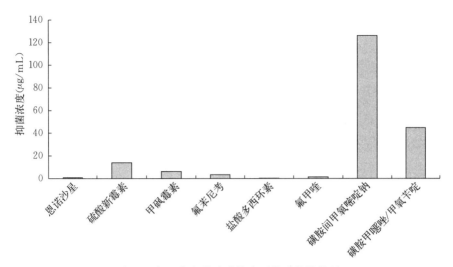

图 33 广西水产养殖动物病原菌耐药性状况

二、相关建议

水产养殖动物病原菌的耐药性是威胁生态文明建设的重要隐患，为扎实推进水产养殖动物耐药性监测工作，切实提升我国水产养殖动物病害防控水平，建议做好如下几方面工作。

1. 扩大耐药性监测区域和范围

扩大监测区域和范围，可最大限度、更全面地反映我国水产养殖动物病原菌耐药性状况。目前，耐药性监控技术规范尚为空白，导致数据客观性、完整性有待进一步加强。如有些地区监测中未使用标准菌株作为质控对照，增加了横向和纵向比较数据的困难。因此，建立适合我国水产养殖特点的耐药性监测技术规范体系迫在眉睫。

2. 加强水产养殖动物病原菌耐药性监测基础技术研究

各地可结合实际，建立耐药性监测实验室，提升监测人员技术能力及水平。加强水产养殖动物病原菌耐药性监测工作技术交流，开展业务培训和指导，培养和锻炼一支业务能力过硬的耐药性监测人员队伍。借助大数据、云平台等技术手段，建立主要水产养殖区水产养殖动物病原菌耐药性状况数据库，积累原始数据，提升耐药性风险预判和预警能力，为政府部门决策提供依据。

3. 提升病害绿色防控技术水平

针对氟苯尼考、恩诺沙星等抗菌药物耐药性风险较高的状况，建议在生产实践中倡导"以中药代替化学药品"的理念，鼓励生产实践中使用中草药制剂部分替代化学抗菌药物，在有效降低病害发生概率的同时，提升病害绿色防控技术水平。

4. 加大示范推广适用药物残留快速（现场）检测技术

加大示范推广适合于生产一线使用的药物残留快速（现场）检测技术（如胶体金检测试纸条等），药物残留检测向生产一线（包括种苗、养殖水及尾排水等）前置，建立日常初筛技术环节，缩短耐药性状况反馈周期，提升技术推广部门耐药性监测效率。

地　方　篇

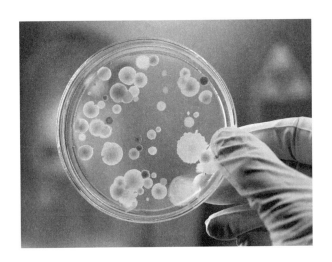

2019 年北京市水产养殖动物病原菌耐药性状况分析

王小亮　王　姝　张　文　吕晓楠

（北京市水产技术推广站）

2019 年，为落实全国水产技术推广总站联合北京市水产技术推广站实施的"主要水产养殖动物主要病原菌耐药性监测"项目，继续探索北京市养殖的金鱼、虹鳟主要病原菌的药物感受性现状及其变化规律，从 2 家金鱼养殖场和 1 家虹鳟养殖场采集符合要求的样品，进行病原菌分离、鉴定和药物感受性分析。

一、材料和方法

1. 供试药物

供试药物种类有恩诺沙星、硫酸新霉素、甲砜霉素、氟苯尼考、盐酸多西环素、氟甲喹、磺胺间甲氧嘧啶钠、磺胺甲噁唑/甲氧苄啶。药物预埋在含细菌培养基的药敏分析试剂板中，药敏板由南京菲恩医疗科技公司提供。

2. 供试菌株

共 40 株病原菌，其中嗜水气单胞菌 15 株、温和气单胞菌 23 株、布氏柠檬酸杆菌 1 株、类志贺邻单胞菌 1 株，均来源于金鱼。药物感受性检测质控菌株采用大肠杆菌标准株 ATCC25922。

3. 样品采集方法

2019 年 4 月至 10 月，固定每月上旬进行虹鳟样品采集，下旬进行金鱼样品采集，在鱼发病时，及时采集样品。样品采集方法为取游动缓慢的鱼（不少于 5 尾）和原池水装入高压聚乙烯袋，加冰块，立即运回实验室。采集样品时，记录渔场的发病情况、发病水温、用药情况、鱼类死亡情况等信息。

4. 病原菌分离方法

取样品鱼，无菌操作取肝脏、肾脏组织在脑心浸液琼脂（BHIA）划线分离病原菌，虹鳟病原菌分离平板置于 22 ℃培养 72 h，金鱼病原菌分离平板置于 28 ℃培养 24～48 h，选取优势菌落用 BHIA 平板纯化。

5. 病原菌鉴定和保存方法

纯化的菌株采用 API 鉴定系统及分子生物学方法进行鉴定。菌株保存采用脑心浸出液（BHI）培养基在适宜温度增殖 16～20 h 后，分装于 2 mL 无菌管中，加灭菌甘油使其含量达 30％，然后冻存于 －80 ℃超低温冰箱。

6. 供试菌株最小抑菌浓度的测定

测定方法按照《药敏分析试剂板使用说明书》进行。

7. 数据统计方法

为便于数据分析，界定了浓度梯度稀释法检测值的耐药线。恩诺沙星、盐酸多西环素、氟苯尼考设定为≥12.5 μg/mL，硫酸新霉素、氟甲喹、甲砜霉素设定为≥25 μg/mL，磺胺间甲氧嘧啶钠设定为≥128 μg/mL、磺胺甲噁唑/甲氧苄啶设定为≥64/12.8 μg/mL。MIC$_{90}$采用软件 SPSS 统计。

二、结果

1. 养殖场病害、药物使用和损失情况

在监测期间，金鱼发生的主要病害种类有车轮虫病、烂鳃病、烂眼病和金鱼造血器官坏死病，其中烂鳃病主要集中在 6 月至 8 月，车轮虫病和烂眼病在监测期间每月均有发生。养殖场采用的药物种类有车轮净、聚维酮碘、溴碘、戊二醛、二氧化氯、三黄粉、中草药。

冷水鱼发生的主要病害为水霉病。养殖场采用的药物种类有聚维酮碘、盐酸土霉素、氟苯尼考、盐酸恩诺沙星、三黄粉等。

2. 北京市金鱼源气单胞菌耐药性总体情况

总体上，北京市金鱼源气单胞菌 100% 耐受氟甲喹，耐受浓度均在 200 μg/mL 以上；其次是耐受甲砜霉素、磺胺间甲氧嘧啶钠和磺胺甲噁唑/甲氧苄啶，耐受率分别为 22.5%、17.5% 和 17.5%，相应的 MIC$_{90}$ 分别为 54.45 μg/mL、105.64 μg/mL 和 98.70/19.78 μg/mL；随后是氟苯尼考和盐酸多西环素，耐受率均为 10%，对应的 MIC$_{90}$ 分别为 17.72 μg/mL 和 6.0 μg/mL；对恩诺沙星和硫酸新霉素最为敏感，耐药率均为 0，MIC$_{90}$ 分别为 0.88 μg/mL 和 4.87 μg/mL。详见表 1 至表 3。

表 1　病原菌对各抗菌药物的感受性分布（$n=40$）

药物名称	MIC$_{90}$ (μg/mL)	耐药率 (%)	药物浓度（μg/mL）和菌株数（株）											
			≥200	100	50	25	12.5	6.25	3.13	1.56	0.78	0.39	0.2	≤0.1
恩诺沙星	0.88	0							2		2	7	7	22
硫酸新霉素	4.87	0				1	15	12	2	5	2	3		
甲砜霉素	55.45	22.5	3	2	3	1	7	15	9					
氟苯尼考	17.72	10.0		1	2		1	2	2	11	21			
盐酸多西环素	6.00	10.0				1		3	5	4	3	6	12	6
氟甲喹	185.36	100.0	38			2								
			≥512	256	128	64	32	16	8	4	2	≤1		
磺胺间甲氧嘧啶钠	105.64	17.5	1		6	17	16							
			≥512/ 102	256/ 51.2	128/ 25.6	64/ 12.8	32/ 6.4	16/ 3.2	8/ 1.6	4/ 0.8	2/ 0.4	≤1/ 0.2		
磺胺甲噁唑/ 甲氧苄啶	98.70/ 19.78	17.5	1	2	1	3	3	9	6	8	4	3		

表 2　嗜水气单胞菌对各抗菌药物的感受性分布（n＝15）

药物名称	MIC90 (μg/mL)	耐药率 (%)	≥200	100	50	25	12.5	6.25	3.13	1.56	0.78	0.39	0.2	≤0.1
			\multicolumn{12}{药物浓度（μg/mL）和菌株数（株）}											
恩诺沙星	0.96	0								2	4	5	4	
硫酸新霉素	4.52	0						6	6	1	1	1		
甲砜霉素	64.39	13.3	2			2	9	2						
氟苯尼考	26.81	13.3		1	1				1	6	6			
盐酸多西环素	8.51	13.3				1	1	5	1	2	2	1	2	
氟甲喹	170.77	100.0	15											

磺胺间甲氧嘧啶钠	MIC90	耐药率	≥512	256	128	64	32	16	8	4	2	≤1		
磺胺间甲氧嘧啶钠	53.55	20.0	1		2	5	7							

磺胺甲噁唑/甲氧苄啶	MIC90	耐药率	≥512/102	256/51.2	128/25.6	64/12.8	32/6.4	16/3.2	8/1.6	4/0.8	2/0.4	≤1/0.2		
磺胺甲噁唑/甲氧苄啶	33.65/17.26	13.3			2		1	6	3	1	2			

表 3　温和气单胞菌对各抗菌药物的感受性分布（n＝23）

药物名称	MIC90 (μg/mL)	耐药率 (%)	≥200	100	50	25	12.5	6.25	3.13	1.56	0.78	0.39	0.2	≤0.1
			\multicolumn{12}{药物浓度（μg/mL）和菌株数（株）}											
恩诺沙星	0.91	0							2			2	2	17
硫酸新霉素	5.03	0					1	8	5	1	4	2	2	
甲砜霉素	33.17	26.1		2	3	1	5	6	6					
氟苯尼考	3.32	4.4					1	2	1	5	14			
盐酸多西环素	1.27	0							3	1	4	11	4	
氟甲喹	184.87	100.0	21		2									

磺胺间甲氧嘧啶钠	MIC90	耐药率	≥512	256	128	64	32	16	8	4	2	≤1		
磺胺间甲氧嘧啶钠	62.03	13.0			3	11	9							

磺胺甲噁唑/甲氧苄啶	MIC90	耐药率	≥512/102	256/51.2	128/25.6	64/12.8	32/6.4	16/3.2	8/1.6	4/0.8	2/0.4	≤1/0.2		
磺胺甲噁唑/甲氧苄啶	99.21/19.91	13.0	1			2	2	3	3	7	2	3		

3. 不同种类病原菌的抗菌药物耐药性

2019 年监测共分离出嗜水气单胞菌 15 株、温和气单胞菌 23 株。按菌株种类统计其对所检测药物的耐药率和 MIC90，结果见表 4、图 1、图 2。两种气单胞菌对恩诺沙星、硫酸新霉素、氟甲喹、磺胺间甲氧嘧啶钠和磺胺甲噁唑/甲氧苄啶的耐药率和耐受浓度基本一致，但对于甲砜霉素、氟苯尼考和盐酸多西环素，嗜水气单胞菌的耐药率显著高于温和气单胞菌。

表 4 不同种类病原菌的 MIC$_{90}$ 和耐药率

药物名称	MIC$_{90}$ （μg/mL）		耐药率（%）	
	嗜水气单胞菌	温和气单胞菌	嗜水气单胞菌	温和气单胞菌
恩诺沙星	0.96	0.91	0	0
硫酸新霉素	4.52	5.03	0	0
甲砜霉素	64.39	33.17	13.3	26.1
氟苯尼考	26.81	3.32	13.3	4.4
盐酸多西环素	8.51	1.27	13.3	0
氟甲喹	170.77	184.87	100	100
磺胺间甲氧嘧啶钠	53.55	62.03	20.0	13.0
磺胺甲噁唑/甲氧苄啶	33.65/17.26	99.21/19.91	13.3	13.0

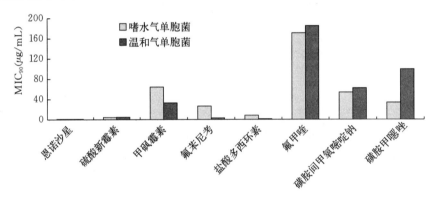

图 1 抗菌药物对两种金鱼源气单胞菌的 MIC$_{90}$ 比较

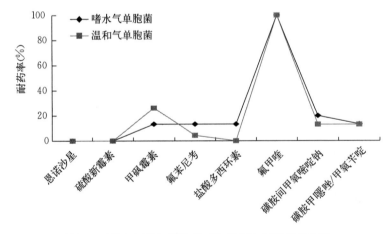

图 2 两种金鱼源气单胞菌对抗菌药物的耐药率比较

（1）嗜水气单胞菌对抗菌药物的感受性

检测了 15 株嗜水气单胞菌对各抗菌药物的感受性。嗜水气单胞菌对氟甲喹的感受性均在检测的上限，即 MIC$_{90}$ 均≥200 μg/mL；对恩诺沙星的 MIC$_{90}$ 均在 0.78 μg/mL 以下；对硫酸新霉素的 MIC$_{90}$ 主要集中在 0.2～6.25 μg/mL；对甲砜霉素的 MIC$_{90}$ 除 2 株在 200 μg/mL 外，其他介于 3.13～12.5 μg/mL；对氟苯尼考的 MIC$_{90}$ 除 2 株分别为 50 μg/mL 和

$100~\mu g/mL$ 外，其他介于 $0.78\sim3.13~\mu g/mL$ 之间；对盐酸多西环素的 MIC_{90} 比较分散，位于 $0.2\sim25~\mu g/mL$；对磺胺间甲氧嘧啶钠的 MIC_{90} 均在 $32~\mu g/mL$ 以上；对磺胺甲噁唑/甲氧苄啶的 MIC_{90} 除 1 株为 $256/51.2~\mu g/mL$ 外，其他介于 $2/0.4\sim32/6.4~\mu g/mL$。

（2）温和气单胞菌对抗菌药物的感受性

检测了 23 株温和气单胞菌对抗菌药物的感受性，分布情况见附录 3。从表上可看出，温和气单胞菌对恩诺沙星的 MIC_{90} 均在 $3.13~\mu g/mL$ 以下；对硫酸新霉素的 MIC_{90} 主要集中在 $0.2\sim12.5~\mu g/mL$；对甲砜霉素的 MIC_{90} 介于 $3.13\sim100~\mu g/mL$；对氟苯尼考的 MIC_{90} 介于 $0.78\sim12.5~\mu g/mL$；对盐酸多西环素的 MIC_{90} 位于 $0.2\sim3.13~\mu g/mL$；对氟甲喹的 MIC_{90} 除 2 株为 $25~\mu g/mL$ 外，其他均在 $200~\mu g/mL$ 以上；对磺胺间甲氧嘧啶钠的 MIC_{90} 集中在 $32\sim128~\mu g/mL$；对磺胺甲噁唑/甲氧苄啶的 MIC_{90} 除 1 株为 $256/51.2~\mu g/mL$ 外，其他介于 $2/0.4\sim64/12.8~\mu g/mL$。

4. 病原菌对抗菌药物感受性的年度变化

针对金鱼源气单胞菌对抗菌药物的加权平均 MIC 和耐药率，按年份进行统计，统计结果见表 5、图 3。2019 年菌株对恩诺沙星和硫酸新霉素的加权平均 MIC 整体呈现下降趋势，菌株都不耐受这两种药物；对盐酸多西环素的加权平均 MIC 呈现先下降后上升的趋势；对氟苯尼考和甲砜霉素的加权平均 MIC 和耐药率显著高于往年；对新诺明的加权平均 MIC 和耐药率显著低于往年。

表 5 金鱼源气单胞菌对抗菌药物的加权平均 MIC 和耐药率的年度变化

药物名称	加权平均 MIC（μg/mL）					耐药率（%）				
	2015 年	2016 年	2017 年	2018 年	2019 年	2015 年	2016 年	2017 年	2018 年	2019 年
硫酸新霉素	4.14	8.72	10.3	8.33	3.8	0.0	31.58	4.76	0	0
恩诺沙星[1]	1.72	1.91	0.3	0.33	0.4	0.0	0.0	0	0	0
盐酸多西环素	2.77	2.08	1.5	0.93	2.5	2.9	2.63	0	0	5.3
氟苯尼考	1.54	0.77	1.0	0.51	5.6	2.9	0.0	0	0	7.9
甲砜霉素	5.86	1.49	2.5	2.32	25.8	2.9	0.0	0	0	21.1
新诺明[2]	878.7	1 000	910.7	≥200	56.7	94.3	100	100	100	13.2

注：1. 2015 为烟酸诺氟沙星，2016 年为诺氟沙星；2. 2017 年、2018 年为磺胺甲噁唑，2019 年为磺胺甲噁唑/甲氧苄啶。

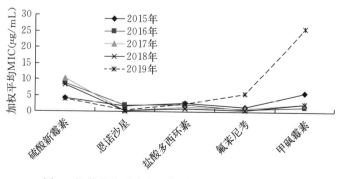

图 3 抗菌药物对金鱼源气单胞菌的加权平均 MIC

三、结果分析

上述数据表明：①气单胞菌对氟甲喹呈现 100％耐药，耐受浓度高于 200 μg/mL。②与往年相比，气单胞菌对磺胺类药物耐受率呈现显著降低，尤其是对磺胺甲噁唑/甲氧苄啶的耐药率，这可能与今年换用的药敏分析试剂板有关，也可能与磺胺药联合用药有关。③与往年相比，金鱼源气单胞菌对氟苯尼考、甲砜霉素和盐酸多西环素的 MIC_{90} 和耐药率都有显著提高，这可能与今年换用的药敏分析试剂板有关。对恩诺沙星和硫酸新霉素的 MIC_{90} 和耐药率与往年基本一致。④往年监测中发现不同养殖场、不同鱼类、不同病原菌种类甚至同种病原菌的不同菌株对抗菌药物的感受性不同。然而，对生产方式和用药方式相同的 2 家金鱼养殖场连续 2 年监测表明，嗜水气单胞菌和温和气单胞菌对药物的MIC 相对比较集中，总体上呈现相似的特征。

2019 年天津市水产养殖动物病原菌耐药性状况分析

徐赟霞　赵良炜　王　菁　韩进刚　王　禹

（天津市动物疫病预防控制中心）

　　为了解天津市主要水产病原菌对药物的感受性变化规律，天津市动物疫病预防控制中心于 2019 年 4—10 月从天津市宝坻区八门城镇、宁河区南淮淀地区养殖场人工养殖的发病鲤、鲫鱼体内分离病原菌，测定了其对水产用抗生素类药物的敏感性，现将结果公告如下。

一、材料与方法

1. 供试药物

　　恩诺沙星、硫酸新霉素、甲砜霉素、氟苯尼考、盐酸多西环素、氟甲喹、磺胺间甲氧嘧啶钠、磺胺甲噁唑/甲氧苄啶。

2. 供试菌株

　　2019 年 4—10 月分别从天津市宝坻区八门城镇、宁河区南淮淀地区养殖场人工养殖的发病鲤、鲫鱼体内分离病原菌。应用梅里埃生化鉴定系统 VITEK2、16S rDNA、$gyrB$ 基因进行细菌属种鉴定，分离获得嗜水气单胞菌 30 株、温和气单胞菌 16 株、豚鼠气单胞菌 2 株、维氏气单胞菌 16 株。

3. 供试菌最低抑菌浓度的测定

　　药敏试验具体操作步骤如下：

　　挑取纯化后的单个菌落于 5 mL 生理盐水中，制成 1.5×10^8 cfu/mL 的菌悬液制成 A 管。取 2 支 10 mL 的无菌生理盐水，以无菌的方式向阴性对照孔中分别加入 200 μL 无菌生理盐水。

　　从 A 管中吸取 200 μL 菌悬液加入 10 mL 无菌生理盐水中制成 B 管。将 B 管中所有菌液倒入到经灭菌的 V 形槽内，再将 10 mL 无菌生理盐水倒入 V 形槽中。混匀后，利用微量移液器吸取 V 形槽中的菌液加入所有微孔中（阴性对照除外），每孔 200 μL。每个菌做 2 块板子，以用作重复。

　　将加好样的药敏分析试剂板放入 28 ℃ 的恒温培养箱中培养 24～48 h 后读取结果。使用 ATCC25922 大肠杆菌作为质控菌株。

二、结果

1. 嗜水气单胞菌对抗菌药物的感受性

　　30 株嗜水气单胞菌对各种抗菌药物感受性测定结果如表 1、图 1 所示，嗜水气单胞菌主要对恩诺沙星、盐酸多西环素、氟苯尼考较为敏感。

表1 嗜水气单胞菌对抗菌药物的感受性

供试药物	药物浓度（μg/mL）和菌株数（株）											
	≥200	100	50	25	12.5	6.25	3.125	1.56	0.78	0.39	0.2	0.1
恩诺沙星					1				1		3	25
硫酸新霉素					2	1	4	9	2	12		
甲砜霉素	3	2		1	21	2	1					
氟苯尼考		1	1				4	22	2			
盐酸多西环素	1					1			13	14	1	
氟甲喹	30											
	≥512	256	128	64	32	16	8	4	2	1		
磺胺间甲氧嘧啶钠	24	2	2	2								
磺胺甲噁唑/甲氧苄啶	20	8	1		1							

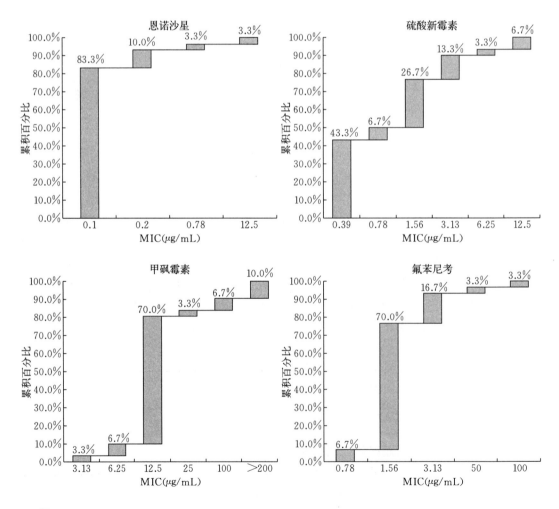

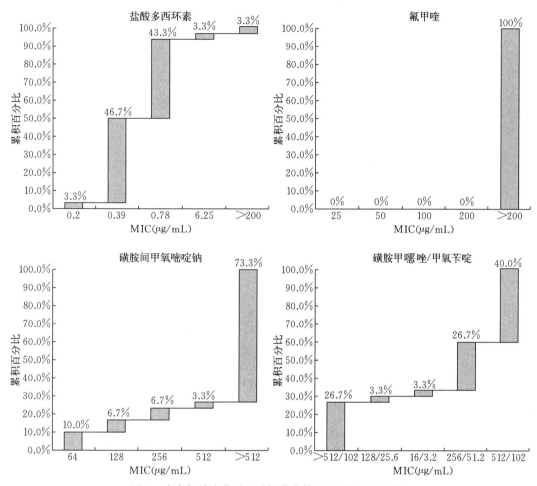

图 1　嗜水气单胞菌对 8 种抗菌药物 MIC 的累积百分比

2. 温和气单胞菌对抗菌药物的感受性

16 株温和气单胞菌对各种抗菌药物感受性测定结果如表 2、图 2 所示。温和气单胞菌主要对恩诺沙星、盐酸多西环素、氟苯尼考较为敏感。

表 2　温和气单胞菌对抗菌药物的感受性

供试药物	药物浓度（μg/mL）和菌株数（株）											
	≥200	100	50	25	12.5	6.25	3.125	1.56	0.78	0.39	0.2	≤0.1
恩诺沙星						2	1	3	3	2	2	3
硫酸新霉素				1		11	2			2		
甲砜霉素	2	1	1			10	2					
氟苯尼考		2		1				5	8			
盐酸多西环素				1		3			6	6		
氟甲喹	16											

（续）

供试药物	药物浓度（µg/mL）和菌株数（株）											
	≥200	100	50	25	12.5	6.25	3.125	1.56	0.78	0.39	0.2	≤0.1
	≥512	256	128	64	32	16	8	4	2	≤1		
磺胺间甲氧嘧啶钠	3		2	9	2							
磺胺甲噁唑/甲氧苄啶	6	4	1	2	2	1						

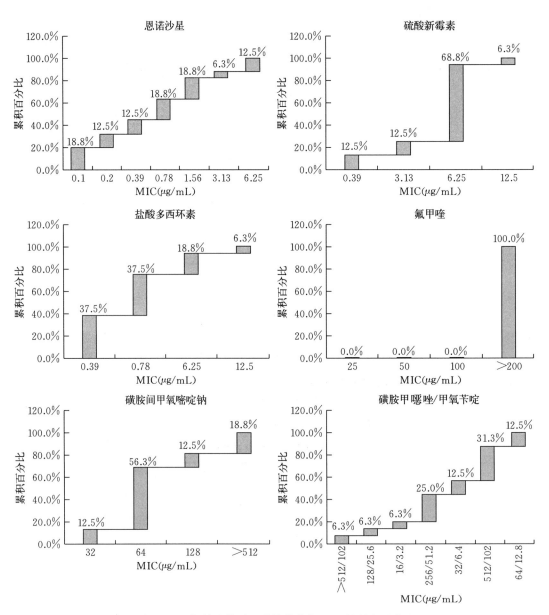

图 2　温和气单胞菌对 8 种抗菌药物 MIC 的累积百分比

3. 维氏气单胞菌对抗菌药物的感受性

16 株维氏气单胞菌对各种抗菌药物的感受性测定结果如表 3、图 3 所示。维氏气单胞菌对恩诺沙星、盐酸多西环素、氟苯尼考敏感。

表 3　维氏气单胞菌对抗菌药物的感受性

供试药物	药物浓度（μg/mL）和菌株数（株）											
	≥200	100	50	25	12.5	6.25	3.125	1.56	0.78	0.39	0.2	≤0.1
恩诺沙星						3		3	4	2	2	2
硫酸新霉素					3	10	2	1				
甲砜霉素	3					1	10	2				
氟苯尼考		2							7	7		
盐酸多西环素						2	3	1	5	5		
氟甲喹	16											
	≥512	256	128	64	32	16	8	4	2	≤1		
磺胺间甲氧嘧啶钠	2		1	9	3	1						
磺胺甲噁唑/甲氧苄啶	9	1	1	3		2						

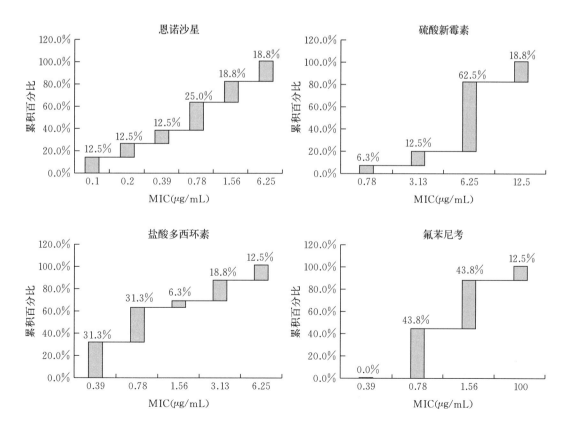

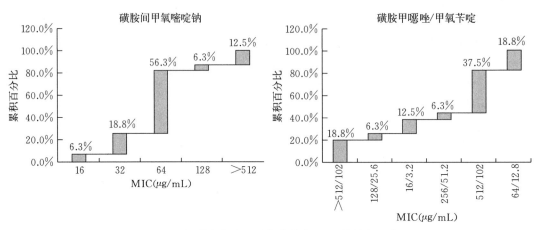

图 3 维氏气单胞菌对 8 种抗菌药物 MIC 的累积百分比

4. 豚鼠气单胞菌对抗菌药物的感受性

2 株维氏气单胞菌对各种抗菌药物的感受性测定结果如表 4 所示。维氏气单胞菌对恩诺沙星、盐酸多西环素、氟苯尼考敏感。

表 4　豚鼠气单胞菌对抗菌药物的感受性

供试药物	药物浓度（μg/mL）和菌株数（株）											
	≥200	100	50	25	12.5	6.25	3.125	1.56	0.78	0.39	0.2	≤0.1
恩诺沙星										1		1
硫酸新霉素							1	1				
甲砜霉素			1		1							
氟苯尼考								1	1			
盐酸多西环素									2			
氟甲喹	2											
	≥512	256	128	64	32	16	8	4	2	≤1		
磺胺间甲氧嘧啶钠	2											
磺胺甲噁唑/甲氧苄啶	1				1							

三、分析与建议

1. 试验结果分析

天津市两个地区分离的嗜水气单胞菌对恩诺沙星、硫酸新霉素、氟苯尼考、盐酸多西环素敏感性较高，对甲砜霉素、氟甲喹和磺胺间甲氧嘧啶钠、磺胺甲噁唑/甲氧苄啶敏感性较低或不敏感（图 4）。

天津市两个地区分离的温和气单胞菌对恩诺沙星、氟苯尼考、盐酸多西环素、磺胺间甲氧嘧啶钠敏感性较高，对硫酸新霉素、甲砜霉素、氟甲喹、磺胺甲噁唑/甲氧苄啶敏感性较低或不敏感（图 5）。

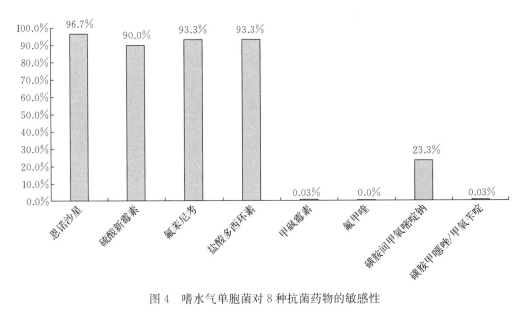

图 4 嗜水气单胞菌对 8 种抗菌药物的敏感性

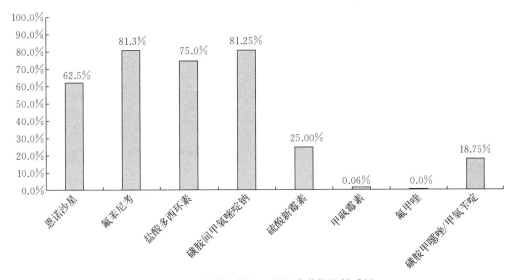

图 5 温和气单胞菌对 8 种抗菌药物的敏感性

天津市两个地区分离的维氏气单胞菌对恩诺沙星、氟苯尼考、盐酸多西环素、磺胺间甲氧嘧啶钠敏感性较高，对硫酸新霉素、甲砜霉素、氟甲喹、磺胺甲噁唑/甲氧苄啶敏感性较低或者不敏感（图 6）。

天津市两个地区在 2019 年只分离出 2 株豚鼠气单胞菌，分离菌株数量较少，因此监测数据不具有比较性。

2. 建议

针对上述两个地区发生的由气单胞菌引起的水产养殖动物疾病，建议在执业兽医的指导下选择恩诺沙星、氟苯尼考、盐酸多西环素等药物进行治疗。

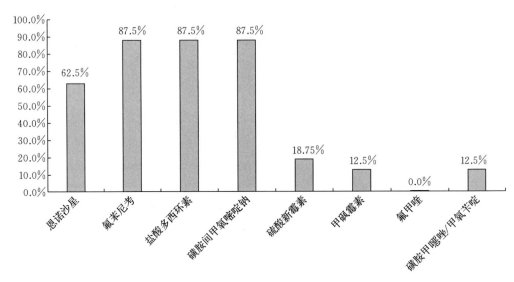

图 6 维氏气单胞菌对 8 种抗菌药物的敏感性

细菌对抗菌药物的感受性会根据时间、环境、药物的使用等外在因素发生变化，因此动态地监控细菌对抗菌药物的感受性才能做到精准用药、科学用药。

2019年河北省水产养殖动物病原菌耐药性状况分析

蒋红艳　杨　蕾　杨梓楠　张凤贤

（河北省水产技术推广总站）

河北省水产技术推广站自2016年开始，连续四年参加由全国水产技术推广总站组织的水产养殖病原菌耐药性监测，结果表明，气单胞菌是河北省水产养殖的主要病原之一。通过对气单胞菌耐药性开展试验，了解气单胞菌对常用抗生素的耐药性，为科学规范用药提供依据。

一、材料与方法

1. 样品采集

河北省衡水市冀州区的2个水产养殖场为样品采集地点，分别是冀州区衡水中湖农业科技开发有限公司和冀州区合多水产养殖专业合作社（均为水产养殖病害测报点）。样品采集品种为鲤和草鱼。2019年4—10月，每月采样1次，采样数量为84个。采样原则为：每月均采集两个品种且尽可能以出现病症的活鱼为主。由实验室检测人员到现场通过无菌操作分离病原菌。

2. 菌株分离鉴定

选取出现典型病症的个体进行解剖，将病灶部位用BHIA培养基、RS琼脂培养基进行细菌分离；对于无病症样品，则从肝脏、脾脏、肾脏、鳃分离细菌。25℃培养后采用BHIA培养基进行细菌纯化，并用20％甘油冷冻保存菌种。同时将增殖菌株进行测序鉴定，筛选出细菌进行后续试验。

2019年共分离细菌49株，鉴定出鲤、草鱼气单胞菌属病原菌49株，分别为维氏气单胞菌29株、嗜水气单胞菌16株、温和气单胞菌2株、杀鲑气单胞菌1株、异常嗜糖气单胞菌1株。

3. 供试药物

采用全国水产技术推广总站提供的药敏分析试剂板，测定了水产养殖动物病原菌对8种抗生素类药物的敏感性，这8种药物分别是：恩诺沙星、硫酸新霉素、甲砜霉素、氟苯尼考、盐酸多西环素、氟甲喹、磺胺间甲氧嘧啶钠、磺胺甲噁唑/甲氧苄啶。

4. 菌株最小抑菌浓度测定

将待测菌株接种至BHIA平板，置于25℃培养16~20 h后，挑取纯化后的单个菌落加入无菌生理盐水制成0.5麦氏浊度菌悬液，吸取该菌悬液200 μL加入10 mL无菌生理盐水备用。分别向第1~12孔加入菌悬液，将加好菌悬液的药敏分析板放入28℃的恒温培养箱中培养24~28 h后读取结果（检验方法及判断标准详见药敏分析试剂板使用说明书）。无细菌生长孔所对应最低药物浓度即为药物的最小抑菌浓度（MIC）。

二、结果

1. 分离菌株及时间

2019 年 4—10 月分离气单胞菌的株数和时间见表 1。

表 1　分离气单胞菌的株数和时间

分离时间	气单胞菌株数（株）				
	维氏气单胞菌	嗜水气单胞菌	温和气单胞菌	杀鲑气单胞菌	异常嗜糖气单胞菌
4 月		9			1
5 月	2	2			
6 月	4		2		
7 月	5	2			
8 月	4	2			
9 月	8				
10 月	6	1		1	

2. 水产病原菌对抗菌药物感受性

（1）维氏气单胞菌对抗菌药物感受性

5—10 月共分离到 29 株维氏气单胞菌，维氏气单胞菌对各种抗菌药物的感受性测定的结果如表 2 至表 4 所示。

表 2　29 株维氏气单胞菌对恩诺沙星、硫酸新霉素、甲砜霉素、氟苯尼考、
盐酸多西环素、氟甲喹的感受性

供试药物	药物浓度（µg/mL）和菌株数（株）											
	≥200	100	50	25	12.5	6.25	3.13	1.56	0.78	0.39	0.2	≤0.1
恩诺沙星									4	2	4	19
硫酸新霉素						9	9	1	4	6		
甲砜霉素						23	6					
氟苯尼考							1	5	20	3		
盐酸多西环素					2	2	1	1	2	7	14	
氟甲喹	1	2										

表 3　29 株维氏气单胞菌对磺胺间甲氧嘧啶钠的感受性

供试药物	药物浓度（µg/mL）和菌株数（株）									
	≥512	256	128	64	32	16	8	4	2	≤1
磺胺间甲氧嘧啶钠			1	8	16	3	1			

表 4　29 株维氏气单胞菌对磺胺甲噁唑/甲氧苄啶的感受性

供试药物	药物浓度（µg/mL）和菌株数（株）									
	≥512/	256/	128/	64/	32/	16/	8/	4/	2/	≤1/
	102	51.2	25.6	12.8	6.4	3.2	1.6	0.8	0.4	0.2
磺胺甲噁唑/甲氧苄啶			3	3	3	7	7	2	2	1

（2）嗜水气单胞菌对抗菌药物感受性

4—10 月共分离到 16 株嗜水气单胞菌，根据各种抗菌药物对该 16 株嗜水气单胞菌的最小抑菌浓度（MIC），嗜水气单胞菌对各种抗菌药物的感受性测定的结果如表 5 至表 7 所示。

表 5　16 株嗜水气单胞菌对恩诺沙星、硫酸新霉素、甲砜霉素、氟苯尼考、盐酸多西环素、氟甲喹的感受性

供试药物	药物浓度（µg/mL）和菌株数（株）											
	≥200	100	50	25	12.5	6.25	3.13	1.56	0.78	0.39	0.2	≤0.1
恩诺沙星						1				1	3	11
硫酸新霉素						2	7	1	4	2		
甲砜霉素			3		1	4	4	2	1			
氟苯尼考		1			1			1	10	3		
盐酸多西环素						4	1		4	3	3	1
氟甲喹	2	1										

表 6　16 株嗜水气单胞菌对磺胺间甲氧嘧啶钠的感受性

供试药物	药物浓度（µg/mL）和菌株数（株）									
	≥512	256	128	64	32	16	8	4	2	≤1
磺胺间甲氧嘧啶钠		1	7	5	2	1				

表 7　16 株嗜水气单胞菌对磺胺甲噁唑/甲氧苄啶的感受性

供试药物	药物浓度（µg/mL）和菌株数（株）									
	≥512/ 102	256/ 51.2	128/ 25.6	64/ 12.8	32/ 6.4	16/ 3.2	8/ 1.6	4/ 0.8	2/ 0.4	≤1/ 0.2
磺胺甲噁唑/甲氧苄啶			2				3	4	3	3

（3）温和气单胞菌对抗菌药物感受性

6 月分离到 2 株温和气单胞菌，根据各种抗菌药物对该 2 株温和气单胞菌的最小抑菌浓度（MIC）测定，温和气单胞菌对各种抗菌药物的感受性测定的结果如表 8 至表 10 所示。

表 8　2 株温和气单胞菌对恩诺沙星、硫酸新霉素、甲砜霉素、氟苯尼考、盐酸多西环素、氟甲喹的感受性

供试药物	药物浓度（µg/mL）和菌株数（株）											
	≥200	100	50	25	12.5	6.25	3.13	1.56	0.78	0.39	0.2	≤0.1
恩诺沙星										1		1
硫酸新霉素						1				1		
甲砜霉素					1							

（续）

供试药物	药物浓度（μg/mL）和菌株数（株）											
	≥200	100	50	25	12.5	6.25	3.13	1.56	0.78	0.39	0.2	≤0.1
氟苯尼考		1							1			
盐酸多西环素					1					1		
氟甲喹												

表9　2株温和气单胞菌对磺胺间甲氧嘧啶钠的感受性

供试药物	药物浓度（μg/mL）和菌株数（株）									
	≥512	256	128	64	32	16	8	4	2	≤1
磺胺间甲氧嘧啶钠			1		1					

表10　2株温和气单胞菌对磺胺甲噁唑/甲氧苄啶的感受性

供试药物	药物浓度（μg/mL）和菌株数（株）									
	≥512/102	256/51.2	128/25.6	64/12.8	32/6.4	16/3.2	8/1.6	4/0.8	2/0.4	≤1/0.2
磺胺甲噁唑/甲氧苄啶			1				1			

（4）异常嗜糖气单胞菌对抗菌药物感受性

4月分离到1株异常嗜糖气单胞菌，根据各种抗菌药物对该株异常嗜糖气单胞菌的最小抑菌浓度（MIC），异常嗜糖气单胞菌对各种抗菌药物的感受性测定的结果如表11至表13所示。

表11　异常嗜糖气单胞菌对恩诺沙星、硫酸新霉素、甲砜霉素、氟苯尼考、盐酸多西环素、氟甲喹的感受性

供试药物	药物浓度（μg/mL）和菌株数（株）											
	≥200	100	50	25	12.5	6.25	3.13	1.56	0.78	0.39	0.2	≤0.1
恩诺沙星												1
硫酸新霉素								1				
甲砜霉素					1							
氟苯尼考									1			
盐酸多西环素								1				
氟甲喹	1											

表12　异常嗜糖气单胞菌对磺胺间甲氧嘧啶钠的感受性

供试药物	药物浓度（μg/mL）和菌株数（株）									
	≥512	256	128	64	32	16	8	4	2	≤1
磺胺间甲氧嘧啶钠			1							

表 13　异常嗜糖气单胞菌对磺胺甲噁唑/甲氧苄啶的感受性

供试药物	药物浓度（μg/mL）和菌株数（株）									
	≥512/ 102	256/ 51.2	128/ 25.6	64/ 12.8	32/ 6.4	16/ 3.2	8/ 1.6	4/ 0.8	2/ 0.4	≤1/ 0.2
磺胺甲噁唑/甲氧苄啶					1					

（5）杀鲑气单胞菌对抗菌药物感受性

10 月分离到 1 株异常嗜糖气单胞菌，根据各种抗菌药物对该株异常嗜糖气单胞菌的最小抑菌浓度（MIC），杀鲑气单胞菌对各种抗菌药物的感受性测定的结果如表 14 至表 16 所示。

表 14　杀鲑气单胞菌对恩诺沙星、硫酸新霉素、甲砜霉素、氟苯尼考、
盐酸多西环素、氟甲喹的感受性

供试药物	药物浓度（μg/mL）和菌株数（株）										
	≥200	100	50	25	12.5	6.25	3.13	1.56	0.78	0.39	0.2	≤0.1
恩诺沙星												1
硫酸新霉素									1			
甲砜霉素						1						
氟苯尼考							1					
盐酸多西环素								1				
氟甲喹												

表 15　杀鲑气单胞菌对磺胺间甲氧嘧啶钠的感受性

供试药物	药物浓度（μg/mL）和菌株数（株）									
	≥512	256	128	64	32	16	8	4	2	≤1
磺胺间甲氧嘧啶钠					1					

表 16　杀鲑气单胞菌对磺胺甲噁唑/甲氧苄啶的感受性

供试药物	药物浓度（μg/mL）和菌株数（株）									
	≥512/ 102	256/ 51.2	128/ 25.6	64/ 12.8	32/ 6.4	16/ 3.2	8/ 1.6	4/ 0.8	2/ 0.4	≤1/ 0.2
磺胺甲噁唑/甲氧苄啶									1	

三、分析与建议

1. 气单胞菌分离培养结果分析

2019 年，从衡水市冀州区两个养殖场分离到 5 种气单胞菌属病原菌，分别是维氏气单胞菌、嗜水气单胞菌、温和气单胞菌、异常嗜糖气单胞菌和杀鲑气单胞菌。其中维氏气单胞菌和嗜水气单胞菌的分离比例达 90％以上，而温和气单胞菌、异常嗜糖气单胞菌、杀鲑气单胞菌存在与维氏气单胞菌、嗜水气单胞菌共生的现象，虽未成为优势菌，但是如果控制不当，则很有可能引起水产养殖动物较严重的疾病。

从分离品种来看，鲤、草鱼感染气单胞菌比例未见明显差异。

2. 水产养殖动物病原菌药物感受性分析

从抗菌药物敏感性试验结果来看，5 种气单胞菌对氟甲喹不敏感，耐药性均为 100%；因此，单独使用这种药物对河北省控制气单胞菌病发生的意义不大。恩诺沙星、盐酸多西环素对 5 种气单胞菌的 MIC 集中在低浓度区，此两种药物可优先考虑用于气单胞菌所引起疾病的治疗和控制；硫酸新霉素、甲砜霉素、氟苯尼考这三种药物对 5 种气单胞菌的 MIC 相对集中且处于中浓度区，但在嗜水气单胞菌中偶见耐药性；磺胺间甲氧嘧啶钠对 5 种气单胞菌的 MIC 相对集中在高浓度区，对该药物不敏感；磺胺甲噁唑/甲氧苄啶对 5 种气单胞菌的 MIC 分布相对离散，存在敏感菌株的同时也存在一定比例的耐药菌株，在选用此类药物之前，应将菌株药物感受性试验结果作为用药剂量的指导依据。

虽然在该地区气单胞菌并未引起水产养殖动物大范围发病，但是个别抗菌药有耐药菌株的存在提示养殖户应提高对该致病菌的警惕。

3. 选择用药建议

根据试验结果，河北省鲤、草鱼所分离的气单胞菌对恩诺沙星、盐酸多西环素较为敏感；对磺胺间甲氧嘧啶钠敏感性较低，在实际生产中不建议大量使用；硫酸新霉素、甲砜霉素、氟苯尼考等对抑制气单胞菌引起的疾病有一定作用，但是表现并不稳定，应结合药物敏感性试验结果合理使用。

2019 年辽宁省水产养殖动物病原菌耐药性状况分析

徐小雅[1]　郭欣硕[1]　马　骞[2]　石　峰[2]

（1. 辽宁省现代农业生产基地建设工程中心
2. 葫芦岛市现代农业发展服务中心）

根据全国水产技术推广总站工作部署，辽宁省现代农业生产基地建设工程中心于 2019 年 4—10 月选派相关工作人员从葫芦岛市兴城市人工养殖大菱鲆体内分离致病性弧菌和爱德华氏菌，测定了其对抗生素类药物的感受性，现将结果公布如下。

一、材料与方法

1. 供试药物

本次耐药性监测项目供试药物为我国现在允许使用的水产用抗生素类药物：恩诺沙星、氟苯尼考、甲砜霉素、硫酸新霉素、盐酸多西环素、氟甲喹、磺胺间甲氧嘧啶钠、磺胺甲噁唑/甲氧苄啶。测试所用 8 种抗生素类药敏分析试剂板均由全国水产技术推广总站提供。

2. 供试菌株

2019 年 4—10 月，从葫芦岛市兴城市 2 个定点养殖场饲养的大菱鲆群体中，选取有典型病症的个体进行活体解剖，选取新鲜组织和病灶部位分别接种于选择性培养基平板（弧菌的分离培养选用 TCBS 琼脂平板，爱德华氏菌的分离培养选用麦康凯琼脂平板），（28±1）℃培养 18～24 h，观察菌落特征，挑取可疑的单个菌落，接种于普通营养琼脂平板上，（28±1）℃培养 18～24 h 以得到纯的培养物。

3. 供试菌株最小抑菌浓度的测定

按照使用说明书，首先挑取纯化后的单个菌落于 5 mL 生理盐水中，制成 $1.5×10^8$ cfu/mL 的菌悬液。以无菌的方式吸取 200 μL 生理盐水加入阴性对照孔。吸取 200 μL 菌悬液加入 10 mL 无菌生理盐水中，混匀倒入 V 形槽中，再将 10 mL 无菌生理盐水倒入 V 形槽中。混匀后，利用微量移液器吸取 V 形槽中的菌液 200 μL，加入所有微孔中（阴性对照除外），设立阳性对照孔 2 个。将加好菌液的药敏分析试剂板放入（28±1）℃恒温培养箱中培养 24～28 h。观察各孔培养液中细菌的生长情况，药敏分析试剂板孔底变浑浊为阳性，孔底澄明为阴性。以孔底完全抑制细菌生长的药物最低药物浓度作为测试药物的最小抑菌浓度（MIC）。

4. 质量控制

标准菌株为 ATCC25922 大肠杆菌。提取纯化后的菌落加入 5 mL 生理盐水中，制成 $1.5×10^8$ cfu/mL 的菌悬液。将加好菌悬液的药敏分析试剂板放入（35±1）℃恒温培养箱中培养 16～20 h。

二、结果与分析

1. 水产养殖动物病原菌监测结果

（1）弧菌和爱德华氏菌的分离培养结果

共采集样品 216 份，分离培养出菌株共 390 株，其中弧菌属 202 株，采集率占总采集菌株的 52%；爱德华氏菌属 31 株，采集率占总采集菌株的 8%。其他菌株 157 株，采集率占总采集菌株的 40%。采集样品的时间、水温、大菱鲆数量、分离菌株数量见表 1。

表 1　辽宁省菌株采集及分离情况

取样时间	水温（℃）	大菱鲆（尾）	采集样品（份）	分离菌株（株）	弧菌（株）	爱德华氏菌（株）	其他（株）
4 月 29 日	10～15	6	36	75	25	0	50
5 月 17 日	11～15	6	36	55	28	1	26
6 月 27 日	14～17	6	36	74	38	0	36
7 月 30 日	14～17	6	36	69	36	24	9
8 月 28 日	16～20	6	36	88	57	0	31
10 月 12 日	14～17	6	36	29	18	6	5

从表 1 可以看出，弧菌作为条件致病菌，在辽宁省葫芦岛地区不同养殖场、不同月份都有检出，表明弧菌在该地区养殖大菱鲆体内广泛存在，常年均可分离得到，并随季节和月份有所变化，6—8 月菌株数量高于其他月份。爱德华氏菌采集数量相对较少，全年共分离得到 31 株，其中在 5 月检出 1 株，7 月检出 24 株，10 月检出 6 株，其他月份未检出。在水温相对偏高且病害高发的 7 月，爱德华氏菌检出的数量较多。

（2）弧菌和爱德华氏菌的鉴定结果

将分离得到的 202 株弧菌属菌株通过分子生物学（PCR）技术鉴定出 21 个种类，其中有 45 株鉴定结果为弧菌属，未鉴定到种（表 2）。鉴定结果表明，大菱鲆弧菌的检出率最高，占总数的 33.7%；V. toranzoniae、嗜环弧菌、鱼肠道弧菌、灿烂弧菌、溶藻弧菌也占有一定数量，分别占到 6.4%、5.9%、5.9%、4.5% 和 4%；副溶血弧菌、哈维氏弧菌、大西洋弧菌、缓慢弧菌、巨大弧菌等也均有检出，但这几种弧菌数量较少。

表 2　辽宁省 202 株弧菌菌株分离及鉴定结果（株）

名　称	4 月	5 月	6 月	7 月	8 月	10 月
大菱鲆弧菌（Vibrio scophthalmi）	11	10	24	5	13	5
嗜环弧菌（V. cyclitrophicus）	1		1	1	8	1
溶藻弧菌（V. alginolyticus）				3	4	1
V. toranzoniae		9	2		2	
鱼肠道弧菌（V. ichthyoenteri）			1		11	
灿烂弧菌（V. splendidus）	5		3	1		

（续）

名　称	4 月	5 月	6 月	7 月	8 月	10 月
缓慢弧菌（*V. lentus*）			1	2		1
巨大弧菌（*V. gigantis*）	1			1		1
卡那罗弧菌（*V. kanaloae*）		1				
哈维氏弧菌（*V. harveyi*）				2		2
大西洋弧菌（*V. atlanticus*）	2					
副溶血弧菌（*V. parahaemolyticus*）				2	1	
细小弧菌（*V. celticus*）	1			2		
弧菌 H1309（*V. sp.* H1309）	1	2				
轮虫弧菌（*V. rotiferianus*）				3		
需钠弧菌（*V. natriegens*）				2		
塔斯马尼亚弧菌（*V. tasmaniensis*）				1	2	
苜蓿弧菌（*V. alfacsensis*）					1	
强壮弧菌（*V. fortis*）					1	
异源弧菌（*V. finisterrensis*）	1					
沙氏弧菌（*V. chagasii*）				1		
弧菌属（*V. sp.*）	2	6	6	10	14	7

分离得到的 31 株爱德华氏菌属菌株被鉴定为 2 种，即迟缓爱德华氏菌（占总数的 80.6%）和杀鱼爱德华氏菌（占总数的 19.4%），详见表 3。

表 3　辽宁省 31 株爱德华氏菌菌株分离及鉴定结果（株）

爱德华氏菌名称	4 月	5 月	6 月	7 月	8 月	10 月	合计
迟缓爱德华氏菌（*Edwardsiella tarda*）				21		4	25（80.6%）
杀鱼爱德华氏菌（*E. piscicida*）		1		3		2	6（19.4%）

2. 水产养殖动物病原菌对抗菌药物的感受性

不同抗生素药敏试验的感受性结果判定标准有所不同，参照美国临床实验室标准研究所发布的标准文件，对药物的敏感性及耐药性判定范围划分如下：恩诺沙星、盐酸多西环素、氟甲喹（S 敏感：MIC≤4 μg/mL，I 中敏：MIC＝8 μg/mL，R 耐药：MIC≥16 μg/mL），氟苯尼考、甲砜霉素及硫酸新霉素（S 敏感：MIC≤2 μg/mL，I 中敏：MIC＝4 μg/mL，R 耐药：MIC≥8 μg/mL），磺胺间甲氧嘧啶钠、磺胺甲噁唑/甲氧苄啶（S 敏感：MIC≤38 μg/mL，R 耐药：MIC≥76 μg/mL）。依照这一划分范围，将各种抗菌药物对各病原菌的 MIC 测定结果进行判定，得出了各病原菌对各抗菌药物的耐药性，结果如下。

（1）弧菌属对抗菌药物的总体感受性

从分离得到的 202 株弧菌中选取有代表性的 86 株，用 8 种抗菌药物药敏试剂板对其进行药物敏感性试验，结果如表 4 至表 6 所示。各种抗菌药物对弧菌属的 MIC 区间及敏感率、耐药率对比结果如表7所示。

表 4　弧菌属对 6 种抗菌药物的总体感受性

供试药物	药物浓度（μg/mL）和菌株数（株）											
	≤0.1	0.2	0.39	0.78	1.56	3.13	6.25	12.5	25	50	100	≥200
恩诺沙星	55	13	8	5	2	3						
硫酸新霉素	1	1	9	8	23	27	13	3	1			
甲砜霉素				3	13	25	18	1		4	6	16
氟苯尼考				12	43	13	2	1		8	7	
盐酸多西环素	11	38	12	6	12	1	1	4	1			
氟甲喹				1	5	11	18	2	1	5	4	39

表 5　弧菌属对磺胺间甲氧嘧啶钠的总体感受性

供试药物	药物浓度（μg/mL）和菌株数（株）									
	≤1	2	4	8	16	32	64	128	256	≥512
磺胺间甲氧嘧啶钠	1	4	14	17	22	14	6	1	1	6

表 6　弧菌属对磺胺甲噁唑/甲氧苄啶的总体感受性

供试药物	药物浓度（μg/mL）和菌株数（株）									
	≤1/0.2	2/0.4	4/0.8	8/1.6	16/3.2	32/6.4	64/12.8	128/25.6	256/51.2	≥512/102
磺胺甲噁唑/甲氧苄啶	32	15	9	7	2	2	5	3	4	7

表 7　各种抗菌药物对弧菌属的 MIC 区间及敏感率对比结果

供试药物	MIC 区间（μg/mL）	S 敏感株（%）	I 中敏株（%）	R 耐药株（%）
恩诺沙星	0.1～3.13	100.0	0.0	0.0
硫酸新霉素	≤0.1～25	48.8	46.5	4.7
甲砜霉素	1.56～≥200	3.5	44.2	52.3
氟苯尼考	0.78～100	64.0	17.4	18.6
盐酸多西环素	0.1～25	93.0	5.8	1.2
氟甲喹	0.78～≥200	19.8	23.3	57.0
磺胺间甲氧嘧啶钠	≤1～≥512	83.7	7.0	9.3
磺胺甲噁唑/甲氧苄啶	1/0.2～512/102	77.9	5.8	16.3

　　从表4和表5可以看出，弧菌属对各种抗菌药物的总体感受性各有不同，恩诺沙星MIC偏向分布于 0.1～3.13 μg/mL，表现出高度敏感性，敏感率为100%；盐酸多西环素、硫酸新霉素MIC偏向分布 0.1～25 μg/mL，敏感率分别为 93.0%、48.8%；氟苯尼考MIC偏向分布于 0.78～100 μg/mL，敏感率为64%；磺胺间甲氧嘧啶钠、磺胺甲噁唑/

甲氧苄啶 MIC 分别分布于 1～512 μg/mL 和 1/0.2～512/102 μg/mL，最小抑菌浓度相对集中在 1～32 μg/mL、1/0.2～32/6.4 μg/mL，敏感率分别为 83.7%、77.9%；甲砜霉素和氟甲喹 MIC 分布具有相似性，最小抑菌浓度相对偏高，耐药率分别为 52.3% 和 57.0%，表明弧菌对这两类药物的敏感程度较低。

（2）不同种类弧菌对抗菌药物的感受性

23 株大菱鲆弧菌对各种抗菌药物的感受性如表 8 至表 10 所示。

表 8　大菱鲆弧菌对 6 种抗菌药物的感受性

供试药物	药物浓度（μg/mL）和菌株数（株）											
	≤0.1	0.2	0.39	0.78	1.56	3.13	6.25	12.5	25	50	100	≥200
恩诺沙星	19	1			2	1						
硫酸新霉素			5	1	4	9	4					
甲砜霉素					3	5	4	5			2	4
氟苯尼考				2	16	1		1		3		
盐酸多西环素	2	9	4	2	3		1	2				
氟甲喹					3	4	13	1				2

表 9　大菱鲆弧菌对磺胺间甲氧嘧啶钠的感受性

供试药物	药物浓度（μg/mL）和菌株数（株）									
	≤1	2	4	8	16	32	64	128	256	≥512
磺胺间甲氧嘧啶钠		2	6	7	5	3				

表 10　大菱鲆弧菌对磺胺甲噁唑/甲氧苄啶的感受性

供试药物	药物浓度（μg/mL）和菌株数（株）									
	≤1/ 0.2	2/ 0.4	4/ 0.8	8/ 1.6	16/ 3.2	32/ 6.4	64/ 12.8	128/ 25.6	256/ 51.2	≥512/ 102
磺胺甲噁唑/甲氧苄啶	17	1		2	1					

10 株嗜环弧菌对各种抗菌药物的感受性如表 11 至表 13 所示。

表 11　嗜环弧菌对 6 种抗菌药物的感受性

供试药物	药物浓度（μg/mL）和菌株数（株）											
	≤0.1	0.2	0.39	0.78	1.56	3.13	6.25	12.5	25	50	100	≥200
恩诺沙星	7	1		1		1						
硫酸新霉素			1	2	3	4						
甲砜霉素							5				2	3
氟苯尼考				2	4	2			2			
盐酸多西环素		1	2	1	6							
氟甲喹					1	4		1			1	3

表 12　嗜环弧菌对磺胺间甲氧嘧啶钠的感受性

供试药物	药物浓度（μg/mL）和菌株数（株）									
	≤1	2	4	8	16	32	64	128	256	≥512
磺胺间甲氧嘧啶钠			2	1	4	2	1			

表 13　嗜环弧菌对磺胺甲噁唑/甲氧苄啶的感受性

供试药物	药物浓度（μg/mL）和菌株数（株）									
	≤1/0.2	2/0.4	4/0.8	8/1.6	16/3.2	32/6.4	64/12.8	128/25.6	256/51.2	≥512/102
磺胺甲噁唑/甲氧苄啶	3	1					2	1	1	2

6株溶藻弧菌对各种抗菌药物的感受性如表14至表16所示。

表 14　溶藻弧菌对6种抗菌药物的感受性

供试药物	药物浓度（μg/mL）和菌株数（株）											
	≤0.1	0.2	0.39	0.78	1.56	3.13	6.25	12.5	25	50	100	≥200
恩诺沙星		3	3									
硫酸新霉素				1	2	2		1				
甲砜霉素							2	2				2
氟苯尼考				3	1						2	
盐酸多西环素		3	2					1				
氟甲喹										1		5

表 15　溶藻弧菌对磺胺间甲氧嘧啶钠的感受性

供试药物	药物浓度（μg/mL）和菌株数（株）									
	≤1	2	4	8	16	32	64	128	256	≥512
磺胺间甲氧嘧啶钠				2	2					2

表 16　溶藻弧菌对磺胺甲噁唑/甲氧苄啶的感受性

供试药物	药物浓度（μg/mL）和菌株数（株）									
	≤1/0.2	2/0.4	4/0.8	8/1.6	16/3.2	32/6.4	64/12.8	128/25.6	256/51.2	≥512/102
磺胺甲噁唑/甲氧苄啶		4								2

6株 *V. toranzoniae* 对各种抗菌药物的感受性如表17至表19所示。

表 17　*V. toranzoniae* 对6种抗菌药物的感受性

供试药物	药物浓度（μg/mL）和菌株数（株）											
	≤0.1	0.2	0.39	0.78	1.56	3.13	6.25	12.5	25	50	100	≥200
恩诺沙星	5					1						
硫酸新霉素			1	1	4							

（续）

供试药物	药物浓度（μg/mL）和菌株数（株）											
	≤0.1	0.2	0.39	0.78	1.56	3.13	6.25	12.5	25	50	100	≥200
甲砜霉素							1	1			1	3
氟苯尼考					2					3	1	
盐酸多西环素		4						1	1			
氟甲喹												6

表 18　V. toranzoniae 对磺胺间甲氧嘧啶钠的感受性

供试药物	药物浓度（μg/mL）和菌株数（株）									
	≤1	2	4	8	16	32	64	128	256	≥512
磺胺间甲氧嘧啶钠		1		3	2					

表 19　V. toranzoniae 对磺胺甲噁唑/甲氧苄啶的感受性

供试药物	药物浓度（μg/mL）和菌株数（株）									
	≤1/ 0.2	2/ 0.4	4/ 0.8	8/ 1.6	16/ 3.2	32/ 6.4	64/ 12.8	128/ 25.6	256/ 51.2	≥512/ 102
磺胺甲噁唑/甲氧苄啶	1				1	2	1	1		

5 株鱼肠道弧菌对各种抗菌药物的感受性如表 20 至表 22 所示。

表 20　鱼肠道弧菌对 6 种抗菌药物的感受性

供试药物	药物浓度（μg/mL）和菌株数（株）											
	≤0.1	0.2	0.39	0.78	1.56	3.13	6.25	12.5	25	50	100	≥200
恩诺沙星	5											
硫酸新霉素				1	2	2						
甲砜霉素						5						
氟苯尼考						5						
盐酸多西环素		5										
氟甲喹							2	3				

表 21　鱼肠道弧菌对磺胺间甲氧嘧啶钠的感受性

供试药物	药物浓度（μg/mL）和菌株数（株）									
	≤1	2	4	8	16	32	64	128	256	≥512
磺胺间甲氧嘧啶钠			2	2	1					

表 22　鱼肠道弧菌对磺胺甲噁唑/甲氧苄啶的感受性

供试药物	药物浓度（μg/mL）和菌株数（株）									
	≤1/ 0.2	2/ 0.4	4/ 0.8	8/ 1.6	16/ 3.2	32/ 6.4	64/ 12.8	128/ 25.6	256/ 51.2	≥512/ 102
磺胺甲噁唑/甲氧苄啶	5									

4 株灿烂道弧菌对各种抗菌药物的感受性如表 23 至表 25 所示。

表 23 灿烂弧菌对各种抗菌药物的感受性

供试药物	药物浓度（μg/mL）和菌株数（株）											
	≤0.1	0.2	0.39	0.78	1.56	3.13	6.25	12.5	25	50	100	≥200
恩诺沙星	2	1	1									
硫酸新霉素		1	1		1			1				
甲砜霉素								3				1
氟苯尼考				2	1					1		
盐酸多西环素	2				1		1					
氟甲喹					1			1				2

表 24 灿烂弧菌对磺胺间甲氧嘧啶钠的感受性

供试药物	药物浓度（μg/mL）和菌株数（株）									
	≤1	2	4	8	16	32	64	128	256	≥512
磺胺间甲氧嘧啶钠		1					3			

表 25 灿烂弧菌对磺胺甲噁唑/甲氧苄啶的感受性

供试药物	药物浓度（μg/mL）和菌株数（株）									
	≤1/	2/	4/	8/	16/	32/	64/	128/	256/	≥512/
	0.2	0.4	0.8	1.6	3.2	6.4	12.8	25.6	51.2	102
磺胺甲噁唑/甲氧苄啶				2			1		1	

4 株缓慢弧菌对各种抗菌药物的感受性如表 26 至表 28 所示。

表 26 缓慢弧菌对 6 种抗菌药物的感受性

供试药物	药物浓度（μg/mL）和菌株数（株）											
	≤0.1	0.2	0.39	0.78	1.56	3.13	6.25	12.5	25	50	100	≥200
恩诺沙星	2	1		1								
硫酸新霉素			2	2								
甲砜霉素								3			1	
氟苯尼考				2	2							
盐酸多西环素		2		1	1							
氟甲喹								1				3

表 27 缓慢弧菌对磺胺间甲氧嘧啶钠的感受性

供试药物	药物浓度（μg/mL）和菌株数（株）									
	≤1	2	4	8	16	32	64	128	256	≥512
磺胺间甲氧嘧啶钠	1					3				

表 28　缓慢弧菌对磺胺甲噁唑/甲氧苄啶的感受性

供试药物	药物浓度（µg/mL）和菌株数（株）									
	≤1/ 0.2	2/ 0.4	4/ 0.8	8/ 1.6	16/ 3.2	32/ 6.4	64/ 12.8	128/ 25.6	256/ 51.2	≥512/ 102
磺胺甲噁唑/甲氧苄啶	1	1						1	1	

4 株弧菌 H1309 对各种抗菌药物的感受性如表 29 至表 31 所示。

表 29　弧菌 H1309 对 6 种抗菌药物的感受性

供试药物	药物浓度（µg/mL）和菌株数（株）											
	≤0.1	0.2	0.39	0.78	1.56	3.13	6.25	12.5	25	50	100	≥200
恩诺沙星	4											
硫酸新霉素					2	1	1					
甲砜霉素							3	1				
氟苯尼考				3	1							
盐酸多西环素	2	1	1									
氟甲喹										3	1	

表 30　弧菌 H1309 对磺胺间甲氧嘧啶钠的感受性

供试药物	药物浓度（µg/mL）和菌株数（株）									
	≤1	2	4	8	16	32	64	128	256	≥512
磺胺间甲氧嘧啶钠					2	2				

表 31　弧菌 H1309 对磺胺甲噁唑/甲氧苄啶的感受性

供试药物	药物浓度（µg/mL）和菌株数（株）									
	≤1/ 0.2	2/ 0.4	4/ 0.8	8/ 1.6	16/ 3.2	32/ 6.4	64/ 12.8	128/ 25.6	256/ 51.2	≥512/ 102
磺胺甲噁唑/甲氧苄啶		1	1	1	1					

其他不同种类弧菌的抗菌药物的加权平均 MIC 如表 32 所示。

表 32　其他不同种类弧菌的抗菌药物的加权平均 MIC（µg/mL）

供试药物	巨大弧菌	大西洋弧菌	轮虫弧菌	细小弧菌	需钠弧菌	哈维氏弧菌	卡那罗弧菌	副溶血弧菌	塔斯马尼亚弧菌	苜蓿弧菌	强壮弧菌	异源弧菌	沙氏弧菌
恩诺沙星	≤0.1	≤0.1	0.2	≤0.1	0.3	0.26	1.34	0.15	0.39	0.78	0.39	≤0.1	≤0.1
硫酸新霉素	2.61	0.59	12.5	2.35	3.13	7.86	2.61	3.91	6.25	6.25	6.25	≤0.1	3.13
甲砜霉素	88	4.69	12.5	50	31.25	12.44	71.88	12.5	6.25	≥200	3.13	6.25	50
氟苯尼考	17.97	0.78	2.35	4.69	4.99	3.42	17.55	1.56	1.56	100	1.56	1.56	3.13

（续）

供试药物	巨大弧菌	大西洋弧菌	轮虫弧菌	细小弧菌	需钠弧菌	哈维氏弧菌	卡那罗弧菌	副溶血弧菌	塔斯马尼亚弧菌	首蓿弧菌	强壮弧菌	异源弧菌	沙氏弧菌
盐酸多西环素	0.36	0.30	0.2	0.2	0.3	0.2	0.72	0.15	0.2	1.56	≤0.1	≤0.1	≤0.1
氟甲喹	133	25.76	≥200	≥200	≥200	≥200	≥200	≥200	≥200	≥200	25	1.56	≥200
磺胺间甲氧嘧啶钠	47.7	12	264	6	384	93.33	31.84	8	≥512	16	32	8	32
磺胺甲噁唑/甲氧苄啶	172.92/34.45	33/6.6	4/0.8	1.5/0.3	1.5/0.3	2.5/0.5	89.84/17.97	2.5/0.5	≤1/0.2	4/0.8	2/0.4	2/0.4	4/0.8

（3）爱德华氏菌属对抗菌药物的总体感受性

分离得到的 31 株爱德华氏菌中，选取有代表性的 15 株进行抗菌药物感受性测定，结果如表 33 至表 35 所示。抗菌药物对爱德华氏菌属的 MIC 区间及敏感率、耐药率对比结果如表 36 所示。

表 33　爱德华氏菌属对各种抗菌药物的总体感受性

供试药物	药物浓度（μg/mL）和菌株数（株）											
	≤0.1	0.2	0.39	0.78	1.56	3.13	6.25	12.5	25	50	100	≥200
恩诺沙星		1	2	4	1	5	2					
硫酸新霉素				1	6	7	1					
甲砜霉素					1							14
氟苯尼考					3	10	1	1				
盐酸多西环素				2	6	6	1					
氟甲喹												15

表 34　爱德华氏菌属对磺胺间甲氧嘧啶钠的总体感受性

供试药物	药物浓度（μg/mL）和菌株数（株）									
	≤1	2	4	8	16	32	64	128	256	≥512
磺胺间甲氧嘧啶钠										15

表 35　爱德华氏菌属对磺胺甲噁唑/甲氧苄啶的总体感受性

供试药物	药物浓度（μg/mL）和菌株数（株）									
	≤1/ 0.2	2/ 0.4	4/ 0.8	8/ 1.6	16/ 3.2	32/ 6.4	64/ 12.8	128/ 25.6	256/ 51.2	≥512/ 102
磺胺甲噁唑/甲氧苄啶										15

表 36 抗菌药物对爱德华氏菌属的 MIC 区间及敏感率、耐药率对比结果

供试药物	MIC 区间（μg/mL）	S 敏感株（%）	I 中敏株（%）	R 耐药株（%）
恩诺沙星	0.39～12.5	53.3	46.7	0.0
硫酸新霉素	1.56～12.5	6.7	86.7	6.7
甲砜霉素	3.13～200	0.0	6.7	93.3
氟苯尼考	3.13～25	0.0	86.7	13.3
盐酸多西环素	1.56～25	53.3	40.0	6.7
氟甲喹	≥200	0.0	0.0	100.0
磺胺间甲氧嘧啶钠	≥512	00.0	0.0	100.0
磺胺甲噁唑/甲氧苄啶	≥512/102	0.0	0.0	100.0

从表 33 至表 36 可以看出，爱德华氏菌对各种抗菌药物的总体感受性各有不同，恩诺沙星 MIC 偏向分布于 0.39～12.5 μg/mL，敏感率为 53.3%；盐酸多西环素、硫酸新霉素 MIC 偏向分布 1.56～12.5 μg/mL，盐酸多西环素为高度敏感性，敏感率为 53.3%；硫酸新霉为中度敏感性，敏感率为 86.7%；氟苯尼考 MIC 偏向分布于 3.13～25 μg/mL，为中度敏感性，敏感率为 86.7%；甲砜霉素 MIC 偏向分布于 3.13～200 μg/mL，最小抑菌浓度相对偏高，耐药率为 93.3%。氟甲喹、磺胺间甲氧嘧啶钠、磺胺甲噁唑/甲氧苄啶药物耐受浓度最高，耐药率为 100%，表明爱德华氏菌对这三种药物的敏感程度较低。

（4）不同种类爱德华氏菌对抗菌药物的感受性

10 株迟缓爱德华氏菌对各种抗菌药物的感受性如表 37 至表 39 所示。

表 37 迟缓爱德华氏菌对 6 种抗菌药物的总体感受性

供试药物	药物浓度（μg/mL）和菌株数（株）											
	≤0.1	0.2	0.39	0.78	1.56	3.13	6.25	12.5	25	50	100	≥200
恩诺沙星				2	3	1	2	2				
硫酸新霉素					1	4	5					
甲砜霉素						1						9
氟苯尼考						3	5	1	1			
盐酸多西环素					2	4	3		1			
氟甲喹												10

表 38 迟缓爱德华氏菌对磺胺间甲氧嘧啶钠的总体感受性

供试药物	药物浓度（μg/mL）和菌株数（株）									
	≤1	2	4	8	16	32	64	128	256	≥512
磺胺间甲氧嘧啶钠										10

表 39　迟缓爱德华氏菌对磺胺甲噁唑/甲氧苄啶的总体感受性

供试药物	药物浓度（μg/mL）和菌株数（株）									
	≤1/0.2	2/0.4	4/0.8	8/1.6	16/3.2	32/6.4	64/12.8	128/25.6	256/51.2	≥512/102
磺胺甲噁唑/甲氧苄啶										10

5 株杀鱼爱德华氏菌对各种抗菌药物的感受性如表 40 至表 42 所示。

表 40　杀鱼爱德华氏菌对 6 种抗菌药物的总体感受性

供试药物	药物浓度（μg/mL）和菌株数（株）											
	≤0.1	0.2	0.39	0.78	1.56	3.13	6.25	12.5	25	50	100	≥200
恩诺沙星		1		1	3							
硫酸新霉素					2	2	1					
甲砜霉素												5
氟苯尼考						5						
盐酸多西环素					2	3						
氟甲喹												5

表 41　杀鱼爱德华氏菌对磺胺间甲氧嘧啶钠的总体感受性

供试药物	药物浓度（μg/mL）和菌株数（株）									
	≤1	2	4	8	16	32	64	128	256	≥512
磺胺间甲氧嘧啶钠										5

表 42　杀鱼爱德华氏菌对磺胺甲噁唑/甲氧苄啶的总体感受性

供试药物	药物浓度（μg/mL）和菌株数（株）									
	≤1/0.2	2/0.4	4/0.8	8/1.6	16/3.2	32/6.4	64/12.8	128/25.6	256/51.2	≥512/102
磺胺甲噁唑/甲氧苄啶										5

三、分析与建议

1. 关于本地区水产养殖动物病原菌监测和对抗菌药物的感受性结论

弧菌在该地区的养殖大菱鲆体内广泛存在，不同养殖场、不同月份都有检出，春秋两季分离出的弧菌数量少于夏季。此次分离培养出弧菌属 220 株，鉴定出 22 种，其中大菱鲆弧菌的检出率最高，*V. toranzoniae*、嗜环弧菌、鱼肠道弧菌、灿烂弧菌、溶藻弧菌、缓慢弧菌、巨大弧菌、哈维氏弧菌、大西洋弧菌、副溶血弧菌、细小弧菌、轮虫弧菌、苜蓿弧菌、塔斯马尼亚弧菌、弧菌 H1309、卡那罗弧菌、异源弧菌、沙氏弧菌等也有检出。药敏试验结果显示，弧菌属总体表现出对恩诺沙星、盐酸多西环素高度敏感性；其次为磺胺间甲氧嘧啶钠、磺胺甲噁唑/甲氧苄啶、氟苯尼考、硫酸新霉素；对甲砜霉素和氟甲喹的耐药性最强。

爱德华氏菌病是危害我国鲆鲽鱼类养殖业的首要病害，2019 年在该地区的大菱鲆体内分离培养出爱德华氏菌属 31 株，鉴定出 2 种，即迟缓爱德华氏菌、杀鱼爱德华氏菌。爱德华氏菌在 5 月、7 月、10 月都有检出，其他月份未检出。在水温相对偏高且病害高发的 7 月，爱德华氏菌检出的数量相对较多，可以得知爱德华氏菌可能是引起该地区大菱鲆发病的主要病原菌。药敏试验结果显示，爱德华氏菌总体表现为对甲砜霉素、氟甲喹、磺胺间甲氧嘧啶钠、磺胺甲噁唑/甲氧苄啶的耐药性最强，对硫酸新霉素、氟苯尼考中度敏感，而对恩诺沙星、盐酸多西环素具有极高的敏感性。

2. 关于目前选择用药的建议

（1）弧菌类疾病用药建议

弧菌对恩诺沙星、盐酸多西环素和氟苯尼考表现出较高的敏感性，建议可以将这三种药物作为本地区今后治疗和预防弧菌类疾病的首选药物。弧菌对磺胺间甲氧嘧啶钠、磺胺甲噁唑/甲氧苄啶、氟苯尼考、硫酸新霉素也表现出敏感性，这些药物在一定程度上也能抑制菌株的生长。而弧菌对甲砜霉素和氟甲喹表现出大部分耐药的结果，说明本地弧菌株可能已经对这类药物产生了抗药性，需要根据实际情况进行使用。

（2）爱德华氏菌类疾病用药建议

在大菱鲆养殖过程中，采集的爱德华氏菌相对于弧菌量较少，在水温相对偏高且病害高发的月份，爱德华氏菌可能是引起其发病的主要病原菌。与往年相比，爱德华氏菌有增多的趋势，病害防治中要引起注意。根据药物敏感性试验结果，爱德华氏菌在体外抑菌的过程中对恩诺沙星、盐酸多西环素表现极高的敏感性。因爱德华氏菌为胞内寄生性病原，在感染宿主过程中分泌一种称为效应物的复杂分子，以逃避或抑制宿主的免疫反应，因而需要根据实际情况调整药物剂量和给药时间。

根据此次检测结果，建议今后在养殖生产中使用药物时做到对症下药，滥用或过度使用药物不但不能起到防病治病的作用，反而会造成养殖环境中耐药菌株的增多。根据 MIC 选用有效治疗浓度，做到合理、科学用药。

2019 年江苏省水产养殖动物病原菌耐药性状况分析

刘肖汉　方　苹　陈　静　吴亚锋

（江苏省渔业技术推广中心）

为指导执业兽医（水生动物类）科学选择和使用水产用抗生素类药物，江苏省渔业技术推广中心于 2019 年 4—11 月，从南京市浦口区和镇江市扬中市人工养殖水产养殖动物体内分离病原菌，并测定其对水产用抗生素类药物的敏感性，现将结果公告如下。

一、材料与方法

1. 供试药物

硫酸新霉素、氟苯尼考、恩诺沙星、甲砜霉素、盐酸多西环素、氟甲喹、磺胺间甲氧嘧啶钠和磺胺甲噁唑/甲氧苄啶。

2. 供试菌株

2019 年 4—11 月，从江苏省南京市浦口区永宁街道通威公司养殖场和江苏省渔业技术推广中心试验示范基地饲养的草鱼、鲫、鲥体内，分离得到各种病原菌 182 株，涉及 26 种，其中气单胞菌科 137 株（占总数 75.27%），肠杆菌科 11 株（占总数 6.04%），其他细菌 34 株，菌株组成详细情况见表 1。

表 1　菌株信息

种类	菌株数（株）	占比（%）	种类	菌株数（株）	占比（%）
维氏气单胞菌	85	46.70	泛菌	4	2.20
嗜水气单胞菌	19	10.44	弗氏柠檬酸杆菌	3	1.65
A. dhakensis	9	4.95	假单胞菌	2	1.10
豚鼠气单胞菌	6	3.30	类志贺邻单胞菌	2	1.10
温和气单胞菌	5	2.75	柠檬酸杆菌	2	1.10
异常嗜糖气单胞菌	4	2.20	鲍曼不动杆菌	1	0.55
简达气单胞菌	4	2.20	产碱普洛斯登菌	1	0.55
肠棕气单胞菌	3	1.65	霍乱弧菌	1	0.55
杀鲑气单胞菌	1	0.55	巨型球菌	1	0.55
中间气单胞菌	1	0.55	葡萄球菌	1	0.55
肠杆菌	11	6.04	嗜麦芽窄食单胞菌	1	0.55
乳球菌	9	4.95	微小杆菌	1	0.55
肺炎克雷伯菌	5	2.75	总计	182	100.00

3. 供试菌株最小抑菌浓度（MIC）的测定

采用全国水产技术推广总站统一制定的 96 孔药敏板，药敏板布局如表 2 所示，阴性、阳性对照仅加入 MH 培养基，其余孔均加入不同浓度的药物和 MH 培养基。

表 2 药敏板药物浓度（μg/mL）

药物名称	1	2	3	4	5	6	7	8	9	10	11	12
恩诺沙星	200	100	50	25	12.5	6.25	3.125	1.56	0.78	0.39	0.2	0.1
硫酸新霉素	200	100	50	25	12.5	6.25	3.125	1.56	0.78	0.39	0.2	0.1
甲砜霉素	200	100	50	25	12.5	6.25	3.125	1.56	0.78	0.39	0.2	0.1
氟苯尼考	200	100	50	25	12.5	6.25	3.125	1.56	0.78	0.39	0.2	0.1
盐酸多西环素	200	100	50	25	12.5	6.25	3.125	1.56	0.78	0.39	0.2	0.1
氟甲喹	200	100	50	25	12.5	6.25	3.125	1.56	0.78	0.39	0.2	0.1
磺胺间甲氧嘧啶钠	512	256	128	64	32	16	8	4	2	1	阳性对照	阳性对照
磺胺甲噁唑/甲氧苄啶	512/102	256/51.2	128/25.6	64/12.8	32/6.4	16/3.2	8/1.6	4/0.8	2/0.4	1/0.2	阴性对照	阴性对照

（1）菌悬液的制备

挑选平板上单菌落接种至适宜的液体培养基中，培养 4～6 h，用无菌培养基校正，使菌液浓度达到 1.5×10^8 cfu/mL。用生理盐水将上述菌悬液以 1：100 的比例稀释后备用。

（2）上板

将稀释液倒入灭菌 V 形槽内，使用排枪将稀释菌液加入药敏板中，每孔 200 μL，使每孔菌液终浓度约为 10^6 cfu/mL；阴性对照孔加生理盐水 200 μL。

（3）培养和判读

将药敏板置于培养箱中合适温度下培养 18～24 h 后观察。经肉眼观察证实无细菌生长孔中的最低药物浓度，即为药物的最小抑菌浓度。

二、结果

1. 气单胞菌对抗菌药物的感受性

（1）嗜水气单胞菌对抗菌药物的感受性

嗜水气单胞菌是引起水产养殖动物细菌性败血症等疾病的主要病原菌之一。19 株嗜水气单胞菌对 8 种抗菌药物的感受性测定结果如表 3 所示。其中，菌株对甲砜霉素、氟甲喹和磺胺间甲氧嘧啶钠的敏感性最低，MIC_{50} 和 MIC_{90} 均达检测上限；对磺胺类药物的 MIC_{90} 最高，达 512 μg/mL；对恩诺沙星、盐酸多西环素和硫酸新霉素的敏感性较高，MIC_{50} 均为个位数，其中对恩诺沙星的 MIC_{50} 最低，仅为 0.39 μg/mL。

与 2018 年相比，分离的嗜水气单胞菌对恩诺沙星和盐酸多西环素的敏感性提高，而对氟苯尼考的耐药性显著提高。

表3 嗜水气单胞菌对抗菌药物的感受性

供试药物	MIC50/MIC90 (μg/mL)	药物浓度（μg/mL）和菌株数（株）											
		≥200	100	50	25	12.5	6.25	3.13	1.56	0.78	0.39	0.20	≤0.10
恩诺沙星	0.39/3.13						2	3	1	3	5	1	4
硫酸新霉素	3.13/12.5		1		1	1	4	7	2	2			1
甲砜霉素	200/200	14			2		2	1					
氟苯尼考	6.25/200	3	1	1	1	2	4	2	4	1			
盐酸多西环素	3.13/12.5		2			3	2	3	1	2			3
氟甲喹	200/200	17			1		1						
		≥512	256	128	64	32	16	8	4	2	≤1		
磺胺间甲氧嘧啶钠	512/512	19											
磺胺甲噁唑/甲氧苄啶	64/512	4	4	1	1		2	5	1	1			

（2）维氏气单胞菌对抗菌药物的MIC

维氏气单胞菌也可引起水产养殖动物细菌性败血症等疾病。85株维氏气单胞菌对各种抗菌药物的感受性测定结果如表4所示。其中，菌株对恩诺沙星和硫酸新霉素较敏感，MIC_{50}分别为1.56 μg/mL、6.25 μg/mL；而对甲砜霉素、磺胺间甲氧嘧啶钠、氟甲喹、磺胺甲噁唑/甲氧苄啶相对耐药，MIC≥100 μg/mL的菌株分别占83.53%、100%、100%和71.76%。

表4 维氏气单胞菌对抗菌药物的感受性

供试药物	MIC50/MIC90 (μg/mL)	药物浓度（μg/mL）和菌株数（株）											
		≥200	100	50	25	12.5	6.25	3.13	1.56	0.78	0.39	0.20	≤0.10
恩诺沙星	1.56/12.5	1	1	1	3	10	6	9	18	15	6	7	8
硫酸新霉素	6.25/25			1	11	7	39	21	2	2	2		
甲砜霉素	200/200	69	2	1	2	1	7	3					
氟苯尼考	12.5/200	12	5	3	6	39	4	5	3	7	1		
盐酸多西环素	12.5/100	4	14	14	4	8	13		5	8	5	1	
氟甲喹	200/200	85											
		≥512	256	128	64	32	16	8	4	2	≤1		
磺胺间甲氧嘧啶钠	512/512	85											
磺胺甲噁唑/甲氧苄啶	512/512	58	3	6	6	1	3	4	2	1	1		

（3）其他气单胞菌分离株对抗菌药物的感受性

其他气单胞菌是引起水产养殖动物肠炎等疾病的病原菌。如表5所示，其他气单胞菌分离株对各种抗菌药物的感受性与维氏气单胞菌、嗜水气单胞菌相似，菌株对恩诺沙星和硫酸新霉素较敏感，而对甲砜霉素、磺胺间甲氧嘧啶钠、氟甲喹、磺胺甲噁唑/甲氧苄啶相对耐药。

表 5　其他气单胞菌分离株对抗菌药物的感受性

供试药物	MIC$_{50}$/MIC$_{90}$（μg/mL）	药物浓度（μg/mL）和菌株数（株）											
		≥200	100	50	25	12.5	6.25	3.13	1.56	0.78	0.39	0.20	≤0.10
恩诺沙星	1.56/12.5		1	2	1	3		7	6	3	5	1	4
硫酸新霉素	3.13/6.25			1	2	1	11	11	4	2	1		
甲砜霉素	200/200	25	2		2	1	1	2					
氟苯尼考	12.5/200	9		6	1	8	3	2	1	2			1
盐酸多西环素	12.5/50	1	1	5	3	7	7	3	1		1		3
氟甲喹	200/200	31		1	1								
		≥512	256	128	64	32	16	8	4	2	≤1		
磺胺间甲氧嘧啶钠	512/512	33											
磺胺甲噁唑/甲氧苄啶	512/512	18	4	6	1		1	1		2			

比较不同种气单胞菌对抗菌药物的 MIC$_{50}$、MIC$_{90}$，结果如表 6 所示。不同种的气单胞菌都对恩诺沙星和硫酸新霉素的 MIC$_{50}$ 较低，均为个位数，这两种药物可以作为治疗气单胞菌的首选药物；其次为氟苯尼考和盐酸多西环素，这两种药物可以作为备选药物。菌株对其余 4 种抗生素的耐药性较高，MIC$_{90}$ 均达检测上限。

对于水环境中最常见的几种气单胞菌，维氏气单胞菌对不同抗生素的 MIC$_{50}$ 均不低于嗜水气单胞菌和其他几种气单胞菌，其中恩诺沙星、盐酸多西环素和磺胺甲噁唑/甲氧苄啶的 MIC$_{50}$ 均为嗜水气单胞菌的 4 倍，总体表现为：维氏气单胞菌＞其他气单胞菌＞嗜水气单胞菌，而 8 种抗生素对嗜水气单胞菌的 MIC$_{50}$ 均为最低值。以上表明维氏气单胞菌在气单胞菌属中耐药性较强，具有潜在的威胁。

表 6　各种抗菌药物对不同气单胞菌的 MIC（μg/mL）

供试药物	MIC$_{50}$			MIC$_{90}$		
	嗜水气单胞菌	维氏气单胞菌	其他气单胞菌	嗜水气单胞菌	维氏气单胞菌	其他气单胞菌
恩诺沙星	0.39	1.56	1.56	3.13	12.5	12.5
硫酸新霉素	3.13	6.25	3.13	12.5	25	6.25
甲砜霉素	200	200	200	200	200	200
氟苯尼考	6.25	12.5	12.5	200	200	200
盐酸多西环素	3.13	12.5	12.5	12.5	100	50
氟甲喹	200	200	200	200	200	200
磺胺间甲氧嘧啶钠	512	512	512	512	512	512
磺胺甲噁唑/甲氧苄啶	64	512	512	512	512	512

比较 2017—2019 年气单胞菌对 5 种抗生素的 MIC$_{50}$ 变化趋势，如图 1 所示。气单胞菌对恩诺沙星和硫酸新霉素的 MIC$_{50}$ 始终保持平稳，且水平较低；对甲砜霉素、氟苯尼考和盐酸多西环素的 MIC$_{50}$ 则总体呈上升趋势，其中对甲砜霉素和氟苯尼考的 MIC$_{50}$ 于 2019年增幅较大，均提高了 32 倍，其原因还有待进一步研究。

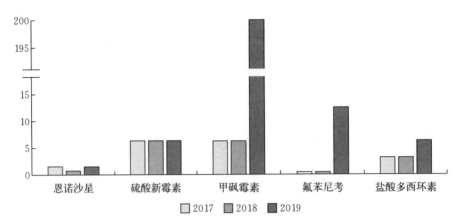

图 1　2017—2019 年气单胞菌对 5 种抗生素的 MIC_{50}（µg/mL）

2. 其他细菌

此外，还筛选到其他细菌 45 株，包括肠杆菌和柠檬酸杆菌等，各种抗菌药物的感受性测定结果如表 7 所示。

表 7　其他细菌对各种抗菌药物的感受性

供试药物	MIC_{50}/MIC_{90} （µg/mL）	药物浓度（µg/mL）和菌株数（株）											
		≥200	100	50	25	12.5	6.25	3.13	1.56	0.78	0.39	0.20	≤0.10
恩诺沙星	0.78/12.5		1	1	2	4	3	7	2	6	8	2	9
硫酸新霉素	3.13/6.25			2	1		13	13	11	5			
甲砜霉素	200/200	40	1	1	3								
氟苯尼考	12.5/100	2	5	5	7	22	3	1					
盐酸多西环素	25/150	5	7	6	6	5	5	1	3	2	2		3
氟甲喹	200/200	39	1	1	1	1	1				1		

3. 试点养殖场分离菌株对抗生素的 MIC

比较浦口区通威公司养殖场（以下简称浦口通威）和江苏省渔业技术推广中心扬中试验示范基地（以下简称扬中基地）的分离株的 8 种抗生素的 MIC_{50}、MIC_{90}，结果见表 8。除恩诺沙星和盐酸多西环素外，两个试点对其余 6 种抗生素的 MIC_{50}、MIC_{90} 均相同，浦口通威分离株的恩诺沙星和盐酸多西环素 MIC_{50} 均高于扬中基地，最高为 3 倍，表明不同养殖场的用药习惯对菌株的耐药性有一定影响。

表 8　不同试点分离菌株的抗生素 MIC_{50}、MIC_{90}（µg/mL）

供试药物	MIC_{50}		MIC_{90}	
	扬中基地	浦口通威	扬中基地	浦口通威
恩诺沙星	1.56	3.13	12.5	37.5
硫酸新霉素	6.25	6.25	25	25
甲砜霉素	200	200	200	200

（续）

供试药物	MIC_{50}		MIC_{90}	
	扬中基地	浦口通威	扬中基地	浦口通威
氟苯尼考	12.5	12.5	200	150
盐酸多西环素	12.5	37.5	100	100
氟甲喹	200	200	200	200
磺胺间甲氧嘧啶钠	512	512	512	512
磺胺甲噁唑/甲氧苄啶	512	512	512	512

三、分析与建议

1. 关于水产养殖动物病原菌药物感受性的分析

氟甲喹属于第二代喹诺酮类动物专用抗菌药物，磺胺间甲氧嘧啶钠与磺胺甲噁唑/甲氧苄啶总体上都属于磺胺类药物。试验结果表明分离得到的病原菌对这几种药物的耐药性都很高，MIC_{90} 均达检测上限。其余 5 种抗生素中，病原菌对氟苯尼考和甲砜霉素的耐药性较 2018 年、2017 年明显提高；对恩诺沙星、硫酸新霉素和盐酸多西环素较敏感，其中对恩诺沙星的敏感性最高，但其准确性还有待持续跟踪检测。

2. 关于选择用药的建议

从目前的试验结果来看，建议养殖户选用恩诺沙星、硫酸新霉素和盐酸多西环素这 3 种抗菌药物进行细菌性疾病的治疗。而根据 96 孔药敏板的检测结果，病原菌对氟甲喹、磺胺间甲氧嘧啶钠和磺胺甲噁唑/甲氧苄啶的耐药性都很高，推荐使用其他临床上允许使用的药物。

2019 年浙江省水产养殖动物病原菌耐药性状况分析

梁倩蓉[1]　朱凝瑜[1]　徐胜威[2]　丁雪燕[1]
（1. 浙江省水产技术推广总站　2. 宁波市海洋与渔业研究院）

2019 年，在浙江省水产养殖病害测报、主要养殖品种重大疫病监控与流行病学调查工作的基础上，对杭州、嘉兴、湖州、宁波、温州 5 个市 23 个点的水产养殖动物常见病原菌进行耐药性分析，初步了解和掌握了重要病原菌的耐药性及其变化规律，为规范使用渔用抗生素提供了基础数据，促进了水产品质量安全水平的逐步提高。

一、试验方法

4—10 月每月从监测点采样 1 次，样品种类包括中华鳖、加州鲈和大黄鱼等，尽量挑选有症状的个体。无菌操作取样品的肝脏、脾脏、肾脏等组织，在 BHI 平板上划线接种，分离纯化后，采用 VITEK 2 Compact 全自动细菌检定仪或 16S rDNA 测序对分离到的细菌进行鉴定，然后－80 ℃保存。对菌株进行恩诺沙星、硫酸新霉素、甲砜霉素、氟苯尼考、盐酸多西环素、氟甲喹、磺胺间甲氧嘧啶钠、磺胺甲噁唑/甲氧苄啶 8 种药物的最小抑菌浓度（MIC）测定并加以分析。

二、病原菌分离情况

在淡水养殖品种中共分离到 185 株细菌：中华鳖 100 株、加州鲈 43 株，其他淡水品种（黄颡鱼、光唇鱼、翘嘴鳜、草鱼等）共 42 株。在海水养殖鱼类大黄鱼体内共分离获得 56 株菌。

经统计，2019 年淡水养殖品种体内分离的病原菌主要是气单胞菌（56.8%）、少动鞘氨醇单胞菌（7.6%）、类志贺邻单胞菌（7.6%）、柠檬酸杆菌（4.9%）、假单胞菌（4.9%）及不动杆菌（4.3%）等；而海水养殖品种体内分离的病原菌主要是假单胞菌（55.4%）、哈维氏弧菌（17.9%）、气单胞菌（10.7%）和美人鱼发光杆菌（10.7%）等。

1. 中华鳖病原菌分离鉴定

2019 年在浙江杭州、湖州、嘉兴等地区采集患病中华鳖样品，其病症通常表现为活力差、体表溃烂、穿孔或疖疮等，个别也存在腮腺肿大的症状，体表溃烂的病鳖解剖时通常血少且稀，偶有若干只有肝脾肿大现象，而腮部肿大的病鳖解剖通常发现腮部存有较多积液。患病中华鳖体内共分离到 100 株细菌，详见表 1。

表 1　2019 年患病中华鳖病原菌株分离鉴定情况

养殖品种	菌株种类	菌株数量（株）	菌株总数
中华鳖	嗜水/豚鼠气单胞菌（Aeromonas hydro/caviae）	37	
	温和气单胞菌（Aeromonas sobria）	22	

（续）

养殖品种	菌株种类	菌株数量（株）	菌株总数
中华鳖	假单胞菌属（*Pseudomonas* spp.）	8	100
	少动鞘氨醇单胞菌（*Sphingomonas paucimobilis*）	5	
	产吲哚金黄杆菌（*Chryseobacterium indologenes*）	5	
	弗氏柠檬酸杆菌（*Citrobacter freundii*）	4	
	布氏柠檬酸杆菌（*Citrobacter braakii*）	4	
	迟缓爱德华氏菌（*Edwardsiella tarda*）	3	
	摩氏摩根菌（*Morganella morganii*）	2	
	鲍曼不动杆菌（*Acinetobacter baumannii*）	2	
	鞘氨醇杆菌属（*Sphingobacterium* spp.）	2	
	河流弧菌（*Vibrio fluvialis*）	1	
	类志贺邻单胞菌（*Plesiomonas shigelloides*）	1	
	变形杆菌（*Proteusbacillus vulgaris*）	1	
	鼻疽伯克氏菌（*Burkhoderia pseudomallei*）	1	
	脑膜脓毒性菌（*Elizabethkingia meningosepticum*）	1	
	解鸟氨酸拉乌尔菌（*Raoultella ornithinolytica*）	1	

由表 1 可知，2019 年从患病中华鳖体内分离到的最主要病原菌为气单胞菌属的种类（59.0%），包括嗜水/豚鼠气单胞菌（37.0%）与温和气单胞菌（22.0%）两大类；其他还有柠檬酸杆菌属（8.0%）、迟缓爱德华氏菌（3.0%）和摩氏摩根菌（2.0%）等已知常见的中华鳖致病菌，以及假单胞菌属（8.0%）、少动鞘氨醇单胞菌（5.0%）、产吲哚金黄杆菌（5.0%）等潜在致病菌。

2. 加州鲈病原菌分离鉴定

2019 年在浙江杭州、湖州、嘉兴地区采集患病加州鲈样品，其病症主要表现为体表溃烂，肝脏、脾脏和肾脏肿大或充血，部分病鱼存在内脏结节等情况。从患病加州鲈体内共分离到病原菌 43 株，详见表 2。

表 2　2019 年加州鲈病原菌株分离鉴定情况

养殖品种	菌株种类	菌株数量（株）	菌株总数
加州鲈	温和气单胞菌（*Aeromonas sobria*）	20	43
	嗜水/豚鼠气单胞菌（*Aeromonas hydro/caviae*）	9	
	维氏气单胞菌（*Aeromonas veronii*）	1	
	类志贺邻单胞菌（*Plesiomonas shigelloides*）	5	
	拟诺卡氏菌属（*Nocardiopsis* spp.）	2	
	不动杆菌属（*Acinetobacter* spp.）	2	
	少动鞘氨醇单胞菌（*Sphmonas paucimobilis*）	1	
	布氏柠檬酸杆菌（*Citrobacter braakii*）	1	
	浅黄假单胞菌（*Pseudomonas luteola*）	1	
	腐败希瓦菌（*Shewanella putrefaciens*）	1	

由表2可知，2019年从患病加州鲈体内分离到的最主要病原菌为气单胞菌属的种类（69.8%），包括温和气单胞菌（46.5%）、嗜水/豚鼠气单胞菌（21.0%）和维氏气单胞菌（2.3%）三类；其他还有柠檬酸杆菌属（2.3%）等已知常见的加州鲈致病菌，以及类志贺邻单胞菌（11.6%）、拟诺卡氏菌（4.7%）、不动杆菌属（4.7%）、少动鞘氨醇单胞菌（2.3%）等潜在致病菌。

3. 其他淡水养殖品种病原菌分离鉴定

2019年在浙江杭州、湖州、衢州等地区采集患病黄颡鱼、光唇鱼、翘嘴鳜、草鱼等品种，病鱼主要表现为烂皮、烂鳃等症状，共分离病原菌42株，详见表3。

表3 2019年其他淡水品种病原菌株分离鉴定情况

养殖品种	菌株种类	菌株数量（株）	菌株总数
黄颡鱼、光唇鱼、翘嘴鳜、草鱼等	温和气单胞菌（Aeromonas sobria）	9	42
	嗜水/豚鼠气单胞菌（Aeromonas hydro/caviae）	6	
	维氏气单胞菌（Aeromonas veronii）	1	
	类志贺邻单胞菌（Plesiomonas shigelloides）	8	
	少动鞘氨醇单胞菌（Sphmonas paucimobilis）	8	
	不动杆菌属（Acinetobacter spp.）	4	
	弧菌属（Vibrio spp.）	3	
	美人鱼发光杆菌（Photobacterium damselae）	2	
	居泉沙雷氏菌（Serratia fonticola）	1	

由表3可知，2019年从患病黄颡鱼、光唇鱼、翘嘴鳜、草鱼等体内分离到的主要病原菌为气单胞菌属的种类（38.1%），包括温和气单胞菌（21.4%）、嗜水/豚鼠气单胞菌（14.3%）和维氏气单胞菌（2.4%）三类；其他还有弧菌属（7.1%）、美人鱼发光杆菌（4.8%）等已知常见鱼类致病菌，以及类志贺邻单胞菌（19.0%）、少动鞘氨醇单胞菌（19.0%）、不动杆菌属（9.5%）等潜在致病菌。

4. 大黄鱼病原菌分离鉴定

2019年在浙江宁波、温州等地区采集患病大黄鱼的病症主要集中表现为内脏白点、体表溃烂等症状。患病大黄鱼体内共分离到病原菌56株，详见表4。

表4 2019年大黄鱼病原菌株分离鉴定情况

养殖品种	菌株种类	菌株数量（株）	菌株总数
大黄鱼	假单胞菌属（Pseudomonas spp.）	31	56
	哈维氏弧菌（Vibrio harveyi）	10	
	气单胞菌属（Aeromonas spp.）	6	
	美人鱼发光杆菌（Photobacterium damselae）	6	
	松鼠葡萄球菌（Staphylococcus sciuri）	1	
	产吲哚金黄杆菌（Chryseobacterium indologenes）	1	
	冷海水黄杆菌（Flavobacterium frigidimaris）	1	

由表 4 可知，2019 年从患病大黄鱼体内分离到的主要病原菌为假单胞菌属的种类（55.4%），其次是哈维氏弧菌（17.9%）、气单胞菌（10.7%）以及美人鱼发光杆菌（10.7%）；其他还有松鼠葡萄球菌（1.79%）、产吲哚金黄杆菌（1.79%）、冷海水黄杆菌（1.79%）等潜在致病菌。

三、病原菌耐药性分析

以中华鳖、加州鲈等为主的淡水养殖品种中分离的病原菌对恩诺沙星、盐酸多西环素、硫酸新霉素等药物的耐受浓度较低（$MIC_{50} \leq 8$ μg/mL），而对磺胺类、氟甲喹、甲砜霉素等药物的耐受浓度较高（$MIC_{50} > 8$ μg/mL）。病原菌对同种抗菌药物的敏感性具有一定的宿主间差异，主要表现为鳖源性致病菌对抗菌药物耐受程度总体普遍高于加州鲈及其他淡水养殖品种等鱼源性致病菌。淡水养殖地区不同采样地区间病原菌对药物耐受性较为一致，但对甲砜霉素、磺胺类药物感受浓度存在一定差异（表 5）。

表 5　2019 年浙江省不同养殖品种分离病原菌的多种药物的 MIC_{50}（μg/mL）

养殖品种	恩诺沙星	硫酸新霉素	甲砜霉素	氟苯尼考	盐酸多西环素	氟甲喹	磺胺间甲氧嘧啶钠	磺胺甲噁唑/甲氧苄啶
中华鳖	0.39	6.25	200	25	6.25	200	512	512/102
加州鲈	0.2	6.25	12.5	1.56	0.78	200	64	64/12.8
大黄鱼	0.25	2	256	64	1		512	512
其他	0.2	6.25	100	6.25	1.56	200	256	256/51.2
全部	0.2	6.25	200	6.25	1.56	200	256	256/51.2

以大黄鱼为主的海水养殖品种分离的病原菌对恩诺沙星、盐酸多西环素、硫酸新霉素等药物的耐受浓度较低（$MIC_{50} \leq 8$ μg/mL），而对氟苯尼考、磺胺类、甲砜霉素等抗生素耐受浓度较高（$MIC_{50} > 8$ μg/mL）。海水养殖地区，包括宁波、温州两地采集的菌株对甲砜霉素、氟苯尼考和磺胺间甲氧嘧啶钠等药物耐受性存在较大差异。总体而言，宁波地区的菌株对这几类药物耐受性均高于温州地区的菌株。

1. 不同动物来源病原菌对抗生素的感受性

（1）中华鳖

由表 6 可知，2019 年患病中华鳖体内分离的绝大多数细菌对恩诺沙星、盐酸多西环素、硫酸新霉素的耐受浓度较低（$MIC_{50} \leq 8$ μg/mL），而普遍对磺胺类药物、氟甲喹、甲砜霉素以及氟苯尼考的耐受浓度较高（$MIC_{50} > 8$ μg/mL）。

表 6　中华鳖源分离菌株对 8 种药物的感受性

	药物及其对应浓度、菌株数量												MIC_{50}（μg/mL）
恩诺沙星	药物浓度（μg/mL）	200	100	50	25	12.5	6.25	3.13	1.56	0.78	0.39	0.2	0.1	0.39
	菌株数（株）	3	5	2	1	1	3	5	4	15	7	13	32	

（续）

药物及其对应浓度、菌株数量														MIC$_{50}$ (μg/mL)
硫酸新霉素	药物浓度 (μg/mL)	200	100	50	25	12.5	6.25	3.13	1.56	0.78	0.39	0.2	0.1	6.25
	菌株数 (株)	1		5	8	23	28	10	10	4	2			
甲砜霉素	药物浓度 (μg/mL)	200	100	50	25	12.5	6.25	3.13	1.56	0.78	0.39	0.2	0.1	200
	菌株数 (株)	59	4	3	8	3	8	1	3	1	1			
氟苯尼考	药物浓度 (μg/mL)	200	100	50	25	12.5	6.25	3.13	1.56	0.78	0.39	0.2	0.1	25
	菌株数 (株)	23	13	6	7	4	10	9	9	7	2	1		
盐酸多西环素	药物浓度 (μg/mL)	200	100	50	25	12.5	6.25	3.13	1.56	0.78	0.39	0.2	0.1	6.25
	菌株数 (株)	8	9	3	2	8	16	11	8	13	8	5		
氟甲喹	药物浓度 (μg/mL)	200	100	50	25	12.5	6.25	3.13	1.56	0.78	0.39	0.2	0.1	200
	菌株数 (株)	88	3											
磺胺间甲氧嘧啶钠	药物浓度 (μg/mL)	512	256	128	64	32	16	8	4	2	1			512
	菌株数 (株)	55	6	9	9	9	1	2						
磺胺甲噁唑/甲氧苄啶	药物浓度 (μg/mL)	512/102	256/51.2	128/25.6	64/12.8	32/6.4	16/3.2	8/1.6	4/0.8	2/0.4	1/0.2			512/102
	菌株数 (株)	53	3	3	7	11	4	1	5	1	3			

由表 7 可知，3 种敏感药物对 8 种鳖源主要病原菌的 MIC$_{50}$ 由低至高分别如下。恩诺沙星：产吲哚金黄杆菌＜嗜水/豚鼠气单胞菌＝少动鞘氨醇单胞菌＜温和气单胞菌＜迟缓爱德华氏菌＝假单胞菌＜柠檬酸杆菌＜摩氏摩根菌；盐酸多西环素：嗜水/豚鼠气单胞菌＜温和气单胞菌＝少动鞘氨醇单胞菌＜产吲哚金黄杆菌＜迟缓爱德华氏菌＝假单胞菌＜柠檬酸杆菌＜摩氏摩根菌；硫酸新霉素：嗜水/豚鼠气单胞菌＝温和气单胞菌＝假单胞菌＝柠檬酸杆菌＜产吲哚金黄杆菌＝迟缓爱德华氏菌＜少动鞘氨醇单胞菌＝摩氏摩根菌。

表 7 敏感药物对中华鳖主要病原菌的 MIC_{50}（μg/mL）

药物名称	嗜水/豚鼠气单胞菌	温和气单胞菌	假单胞菌	少动鞘氨醇单胞菌	柠檬酸杆菌	产吲哚金黄杆菌	迟缓爱德华氏菌	摩氏摩根菌	MIC_{50}
恩诺沙星	0.2	0.39	0.78	0.2	3.13	0.1	0.78	200	0.39
硫酸新霉素	6.25	6.25	6.25	12.5	6.25	6.25	6.25	12.5	6.25
盐酸多西环素	1.56	3.13	12.5	3.13	100	6.25	12.5	200	6.25

（2）加州鲈

由表 8 可知，2019 年加州鲈体内分离的绝大多数细菌对恩诺沙星、盐酸多西环素、氟苯尼考、硫酸新霉素的耐受浓度较低（$MIC_{50} \leqslant 8$ μg/mL），而普遍对磺胺类药物、氟甲喹和甲砜霉素的耐受浓度较高（$MIC_{50} > 8$ μg/mL）。

表 8 8 种药物对加州鲈源分离菌株的 MIC

药物		药物及其对应浓度、菌株数量												MIC_{50}（μg/mL）
恩诺沙星	药物浓度（μg/mL）	200	100	50	25	12.5	6.25	3.13	1.56	0.78	0.39	0.2	0.1	0.2
	菌株数（株）				1		2	2	1	9	10	15		
硫酸新霉素	药物浓度（μg/mL）	200	100	50	25	12.5	6.25	3.13	1.56	0.78	0.39	0.2	0.1	6.25
	菌株数（株）			1	2	14	11	8	1		2	1		
甲砜霉素	药物浓度（μg/mL）	200	100	50	25	12.5	6.25	3.13	1.56	0.78	0.39	0.2	0.1	12.5
	菌株数（株）	9		2	8	11	4	5		1				
氟苯尼考	药物浓度（μg/mL）	200	100	50	25	12.5	6.25	3.13	1.56	0.78	0.39	0.2	0.1	1.56
	菌株数（株）	1	4	2	1	2	3	7	10	4	5	1		
盐酸多西环素	药物浓度（μg/mL）	200	100	50	25	12.5	6.25	3.13	1.56	0.78	0.39	0.2	0.1	0.78
	菌株数（株）				2	1	1	8	3	13	7	1	4	
氟甲喹	药物浓度（μg/mL）	200	100	50	25	12.5	6.25	3.13	1.56	0.78	0.39	0.2	0.1	200
	菌株数（株）	32	5	2	1									

（续）

药物及其对应浓度、菌株数量											MIC$_{50}$ (μg/mL)
磺胺间甲氧嘧啶钠	药物浓度 (μg/mL)	512	256	128	64	32	16	8	4	2	1	32
	菌株数 （株）	7	2	6	8	10	3	1		2	1	
磺胺甲噁唑/甲氧苄啶	药物浓度 (μg/mL)	512/ 102	256/ 51.2	128/ 25.6	64/ 12.8	32/ 6.4	16/ 3.2	8/ 1.6	4/ 0.8	2/ 0.4	1/ 0.2	64/12.8
	菌株数 （株）	12	4	3	4	2	3	5	4	1	2	

由表9可知，4种敏感药物对5种加州鲈源主要病原菌的MIC$_{50}$由低至高分别如下。恩诺沙星：嗜水/豚鼠气单胞菌＝类志贺邻单胞菌＜温和气单胞菌＝维氏气单胞菌＜拟诺卡氏菌；盐酸多西环素：嗜水/豚鼠气单胞菌＝类志贺邻单胞菌＜温和气单胞菌＜维氏气单胞菌＝拟诺卡氏菌；氟苯尼考：维氏气单胞菌＜嗜水/豚鼠气单胞菌＝类志贺邻单胞菌＜温和气单胞菌＜拟诺卡氏菌；硫酸新霉素：嗜水/豚鼠气单胞菌＜温和气单胞菌＝类志贺邻单胞菌＜维氏气单胞菌＜拟诺卡氏菌。

表9 敏感药物对加州鲈主要病原菌的MIC$_{50}$ （μg/mL）

药物名称	温和气单胞菌	嗜水/豚鼠气单胞菌	维氏气单胞菌	类志贺邻单胞菌	拟诺卡氏菌	MIC$_{50}$
恩诺沙星	0.2	0.1	0.2	0.1	0.39	0.2
硫酸新霉素	6.25	3.13	12.5	6.25	25	6.25
氟苯尼考	3.13	1.56	0.78	1.56	50	1.56
盐酸多西环素	0.78	0.39	3.13	0.39	3.13	0.78

（3）其他淡水养殖品种

由表10可知，2019年患病黄颡鱼、光唇鱼、翘嘴鲌、草鱼等品种体内分离的绝大多数细菌对恩诺沙星、盐酸多西环素、硫酸新霉素、氟苯尼考的耐受浓度较低（MIC$_{50}$≤8 μg/mL），而普遍对磺胺类药物、氟甲喹和甲砜霉素的耐受浓度较高（MIC$_{50}$＞8 μg/mL）。

表10 8种药物对其他淡水品种体内分离菌株的MIC

药物及其对应浓度、菌株数量													MIC$_{50}$ (μg/mL)
恩诺沙星	药物浓度 (μg/mL)	200	100	50	25	12.5	6.25	3.13	1.56	0.78	0.39	0.2	0.1	0.2
	菌株数 （株）			3	2	5	2			1	1	5	14	

（续）

		药物及其对应浓度、菌株数量												MIC_{50} (μg/mL)
硫酸新霉素	药物浓度 (μg/mL)	200	100	50	25	12.5	6.25	3.13	1.56	0.78	0.39	0.2	0.1	6.25
	菌株数 (株)	4	1			11	9	4		1	3			
甲砜霉素	药物浓度 (μg/mL)	200	100	50	25	12.5	6.25	3.13	1.56	0.78	0.39	0.2	0.1	100
	菌株数（株）	16	1	3	3	6	1	3						
氟苯尼考	药物浓度 (μg/mL)	200	100	50	25	12.5	6.25	3.13	1.56	0.78	0.39	0.2	0.1	6.25
	菌株数 (株)	5	7	1	2		10	3	2	3				
盐酸多西环素	药物浓度 (μg/mL)	200	100	50	25	12.5	6.25	3.13	1.56	0.78	0.39	0.2	0.1	1.56
	菌株数 (株)				2	4	4	4	6	7	2	2	2	
氟甲喹	药物浓度 (μg/mL)	200	100	50	25	12.5	6.25	3.13	1.56	0.78	0.39	0.2	0.1	200
	菌株数 (株)	28	3		2									
磺胺间甲氧嘧啶钠	药物浓度 (μg/mL)	512	256	128	64	32	16	8	4	2	1			256
	菌株数 (株)	16	2	3	3	6	1	2						
磺胺甲噁唑/甲氧苄啶	药物浓度 (μg/mL)	512/102	256/51.2	128/25.6	64/12.8	32/6.4	16/3.2	8/1.6	4/0.8	2/0.4	1/0.2			256/51.2
	菌株数 (株)	16	2	3	4	1	2	3	1	1				

由表 11 可知，4 种敏感药物对 8 种其他淡水养殖品种主要病原菌的 MIC_{50} 由低至高分别如下。恩诺沙星：温和气单胞菌＝嗜水/豚鼠气单胞菌＝维氏气单胞菌＝美人鱼发光杆菌＜少动鞘氨醇单胞菌＝不动杆菌＜类志贺邻单胞菌＝弧菌；盐酸多西环素：不动杆菌＜温和气单胞菌＜嗜水/豚鼠气单胞菌＜少动鞘氨醇单胞菌＝美人鱼发光杆菌＜类志贺邻单胞菌＜弧菌＜维氏气单胞菌；氟苯尼考：嗜水/豚鼠气单胞菌＝美人鱼发光杆菌＜温和气单胞菌＝类志贺邻单胞菌＝少动鞘氨醇单胞菌＜维氏气单胞菌＜弧菌＜不动杆菌；硫酸新

霉素：温和气单胞菌＝嗜水/豚鼠气单胞菌＜维氏气单胞菌＝少动鞘氨醇单胞菌＝不动杆菌＝弧菌＜类志贺邻单胞菌＝美人鱼发光杆菌。

表 11 敏感药物对其他淡水品种主要病原菌的 MIC_{50}（$\mu g/mL$）

药物名称	温和气单胞菌	嗜水/豚鼠气单胞菌	维氏气单胞菌	类志贺邻单胞菌	少动鞘氨醇单胞菌	不动杆菌	弧菌	美人鱼发光杆菌	MIC_{50}
恩诺沙星	0.1	0.1	0.1	12.5	0.2	0.2	12.5	0.1	0.2
硫酸新霉素	3.13	3.13	6.25	12.5	6.25	6.25	6.25	12.5	6.25
氟苯尼考	6.25	3.13	50	6.25	6.25	200	100	3.13	1.56
盐酸多西环素	0.39	0.78	25	3.13	1.56	0.2	12.5	1.56	0.78

（4）大黄鱼

由表 12 可知，2019 年患病大黄鱼体内分离的绝大多数细菌对恩诺沙星、盐酸多西环素、硫酸新霉素的耐受浓度较低（$MIC_{50} \leqslant 8\ \mu g/mL$），而普遍对磺胺类药物、氟甲喹和甲砜霉素的耐受浓度较高（$MIC_{50} > 8\ \mu g/mL$）。

表 12 7 种药物对大黄鱼源分离菌株的 MIC

		药物及其对应浓度、菌株数量													MIC_{50}（$\mu g/mL$）
恩诺沙星	药物浓度（$\mu g/mL$）	512	256	128	64	32	16	8	4	2	1	0.5	0.25	0.125	0.25
	菌株数（株）				8							16	22	10	
硫酸新霉素	药物浓度（$\mu g/mL$）	512	256	128	64	32	16	8	4	2	1	0.5	0.25	0.125	2
	菌株数（株）						7	6	10	16	7	1	1	8	
甲砜霉素	药物浓度（$\mu g/mL$）	512	256	128	64	32	16	8	4	2	1	0.5	0.25	0.125	256
	菌株数（株）		40				7	2	4					3	
氟苯尼考	药物浓度（$\mu g/mL$）	512	256	128	64	32	16	8	4	2	1	0.5	0.25	0.125	64
	菌株数（株）		12	11	10	13	1			5				4	
盐酸多西环素	药物浓度（$\mu g/mL$）	512	256	128	64	32	16	8	4	2	1	0.5	0.25	0.125	1
	菌株数（株）				10				7	8	20			11	

（续）

		药物及其对应浓度、菌株数量													MIC50 (μg/mL)
磺胺间甲氧嘧啶钠	药物浓度（μg/mL）	512	256	128	64	32	16	8	4	2	1	0.5	0.25	0.125	512
	菌株数（株）		32	14										10	
磺胺甲噁唑	药物浓度（μg/mL）	512	256	128	64	32	16	8	4	2	1	0.5	0.25	0.125	512
	菌株数（株）		32	20										4	

由表 13 可知，3 种敏感药物对大黄鱼主要病原菌的 MIC50 由低至高分别如下。恩诺沙星：假单胞菌＝美人鱼发光杆菌＜哈维氏弧菌＝气单胞菌；盐酸多西环素：美人鱼发光杆菌＜哈维氏弧菌＜假单胞菌＜气单胞菌；硫酸新霉素：假单胞菌＝哈维氏弧菌＜美人鱼发光杆菌＜气单胞菌。

表 13　敏感药物对大黄鱼主要病原菌的 MIC50 （μg/mL）

药物名称	假单胞菌	哈维氏弧菌	气单胞菌	美人鱼发光杆菌
恩诺沙星	0.25	0.5	0.5	0.25
硫酸新霉素	2	2	16	8
盐酸多西环素	2	1	4	0.125

2. 不同地区病原菌对抗生素的感受性

（1）淡水养殖地区

按采样地区比较淡水养殖品种分离菌株对 8 种药物的耐药性（表 14），可见杭州、湖州、嘉兴等地区菌株对试验的抗菌药物耐受性较为一致，但对甲砜霉素、磺胺类药物等感受浓度存在较大差异。

表 14　8 种药物对淡水养殖地区分离菌株 MIC50 （μg/mL）

药物名称	杭州	湖州	嘉兴	其他
恩诺沙星	0.2	0.2	0.39	0.1
硫酸新霉素	6.25	6.25	6.25	6.25
甲砜霉素	200	200	25	200
氟苯尼考	6.25	6.25	6.25	6.25
盐酸多西环素	3.13	1.56	1.56	1.56
氟甲喹	200	200	200	200
磺胺间甲氧嘧啶钠	512	64	512	512
磺胺甲噁唑/甲氧苄啶	512/102	64/12.8	256/51.2	256/51.2

淡水养殖品种中分离的病原菌主要为气单胞菌，按采样地区比较淡水养殖品种分离气单胞菌对 8 种药物耐药性（表15），可见杭州、湖州、嘉兴等地区气单胞菌对试验的抗菌药物耐受性也较为一致，而对甲砜霉素、磺胺类药物等感受浓度存在较大差异。

表 15　8 种药物对淡水养殖地区分离气单胞菌 MIC_{50} （$\mu g/mL$）

药物名称	杭州	湖州	嘉兴	其他
恩诺沙星	0.2	0.2	0.39	0.1
硫酸新霉素	6.25	6.25	3.13	6.25
甲砜霉素	50	25	12.5	25
氟苯尼考	6.25	3.13	3.13	6.25
盐酸多西环素	3.13	0.78	0.78	1.56
氟甲喹	200	200	200	200
磺胺间甲氧嘧啶钠	512	64	256	512
磺胺甲噁唑/甲氧苄啶	512/102	64/12.8	64/12.8	256/51.2

（2）海水养殖地区

按采样地区比较大黄鱼体内分离菌株对 7 种药物的耐药性（表16），可见宁波、温州地区采集的菌株对甲砜霉素、氟苯尼考和磺胺间甲氧嘧啶钠等药物耐受性存在较大差异，总体而言，宁波地区的菌株对这几类药物耐受性高于温州地区。

表 16　7 种药物对海水养殖地区分离菌株的 MIC_{50} （$\mu g/mL$）

药物名称	宁波	温州
恩诺沙星	0.5	0.125
硫酸新霉素	2	0.125
甲砜霉素	256	4
氟苯尼考	64	2
盐酸多西环素	2	0.125
磺胺间甲氧嘧啶的	512	0.125
磺胺甲噁唑/甲氧苄啶	512	256

海水养殖品种大黄鱼中分离的病原菌主要为假单胞菌和哈维氏弧菌，按采样地区比较淡水养殖品种分离的假单胞菌和哈维氏弧菌对 7 种药物的耐药性（表17），可见宁波、温州地区采集的假单胞菌和哈维氏弧菌对甲砜霉素、氟苯尼考和磺胺间甲氧嘧啶钠等药物耐受性存在较大差异，总体而言，宁波地区的菌株对这几类药物耐受性高于温州地区。

表 17　7 种药物对水养殖地区分离假单胞菌和弧菌的 MIC_{50} （$\mu g/mL$）

药物名称	宁波	温州
恩诺沙星	0.5	0.125
硫酸新霉素	2	0.125
甲砜霉素	256	4

药物名称	宁波	温州
氟苯尼考	64	0.125
盐酸多西环素	2	0.125
磺胺间甲氧嘧啶钠	512	0.125
磺胺甲噁唑/甲氧苄啶	512	256

四、分析与建议

2019 年浙江省淡水养殖品种体内分离的主要病原菌是气单胞菌（56.8%），而海水养殖品种体内分离的主要病原菌是假单胞菌（55.4%）和哈维氏弧菌（17.9%）。

从 2019 年浙江地区主养品种中分离所得病原菌耐药性监测总体结果来看，以中华鳖、加州鲈等为主的淡水养殖品种中分离的病原菌对恩诺沙星、盐酸多西环素、硫酸新霉素等药物的耐受浓度较低，而对磺胺类、氟甲喹、甲砜霉素等药物的耐受浓度较高。不同养殖动物由于养殖模式和使用抗菌药物的情况存在较大差异，鳖源性致病菌对抗菌药物耐受程度总体普遍高于加州鲈及其他淡水养殖品种等鱼源性致病菌。淡水养殖地区不同地区间病原菌对药物耐受性较为一致，但对甲砜霉素、磺胺类药物感受浓度存在一定差异。

以大黄鱼为主的海水养殖品种分离的病原菌对恩诺沙星、盐酸多西环素、硫酸新霉素等药物的耐受浓度较低，而对氟苯尼考、磺胺类、甲砜霉素等抗生素耐受浓度较高。且不同菌株对甲砜霉素、氟苯尼考和磺胺间甲氧嘧啶钠等药物耐受性存在较大差异，总体而言，宁波地区的菌株对这几类药物耐受性均高于温州地区。

浙江地区绝大部分水产养殖动物的病原菌对恩诺沙星、盐酸多西环素、硫酸新霉素等药物仍较敏感，这三类药物可作为用药首选，但必须严格按照药敏试验结果和药代动力学原理确定剂量和药程。

2019 年福建省水产养殖动物病原菌耐药性状况分析

吴　斌　康建平　陈燕婷　林　丹

（福建省水产技术推广总站）

2019 年 1—11 月，从福建省养殖的大黄鱼和鳗鲡体内分离病原菌，并测定其对抗生素类药物的敏感性，分析主要病原菌的耐药性情况，现将试验结果发布如下。

一、材料与方法

1. 供试药物

硫酸新霉素、氟苯尼考、恩诺沙星、甲砜霉素、盐酸多西环素、磺胺间甲氧嘧啶钠和磺胺甲噁唑/甲氧苄啶。

2. 供试菌株

（1）大黄鱼供试菌株

2019 年 1—11 月，从宁德市蕉城区、霞浦县等大黄鱼主养区的 4 个采样点（宁德市蕉城区斗帽养殖点、白基湾养殖点、大湾养殖点和宁德市霞浦县东安养殖点）采集大黄鱼样品，从大黄鱼内脏（肝脏、脾脏、肾脏、心脏）以及鳃等部位共分离鉴定菌株 67 株。67 株菌株中，只有 60 株菌株为或疑似为主要病原菌，其余菌株为乳酸菌、肠道菌类等明显非病原菌。因此，本报告只针对 60 株主要病原菌进行相关结果分析。60 株菌株包括假单胞菌属、弧菌属、发光杆菌属、变形杆菌、不动杆菌、希瓦氏菌、微小杆菌、嗜冷杆菌、蜡样芽孢杆菌等；主要病原菌有变形假单胞菌、恶臭假单胞菌、哈维氏弧菌、溶藻弧菌和创伤弧菌等。菌株组成详细情况见表 1。

表 1　大黄鱼菌株信息

种（属）	菌株数（株）	占比（%）	种（属）	菌株数（株）	占比（%）
变形假单胞菌	6	10	美人鱼发光杆菌	2	3.33
恶臭假单胞菌	14	23.3	不动杆菌属	2	3.33
假单胞菌属	5	8.33	波罗的海希瓦氏菌	1	1.67
哈维氏弧菌	10	16.7	草莓假单胞菌	1	1.67
溶藻弧菌	2	3.33	快生嗜冷杆菌	1	1.67
弧菌属	3	5	蜡样芽孢杆菌群	1	1.67
创伤弧菌	1	1.67	微小杆菌属	1	1.67
普通变形杆菌	3	5	希瓦氏菌属	1	1.67
彭氏变形杆菌	1	1.67	新喀里多尼亚弧菌	1	1.67
发光杆菌属	4	6.67	总计	60	100

（2）鳗鲡供试菌株

2019 年 4—11 月，从三明市富昌水产养殖有限公司、三明宏源养殖有限公司、清流县龙源生态水产养殖场、清流县清泉特种水产养殖场和清流县双源生态养殖有限公司饲养的美洲鳗鲡、欧洲鳗鲡体内，分离得到菌株共 78 株，开展药敏试验 78 株，经 16S rDNA 鉴定结果得知，78 株菌株中，只有 46 株菌株为或疑似为主要病原菌，其余菌株为乳酸菌、肠道菌类等明显非病原菌。因此，本报告只针对 46 株主要病原菌进行相关结果分析。46 株主要病原菌中，气单胞菌属 22 株（占总数 47.83%），类志贺邻单胞菌 8 株（占总数 17.39%），变形杆菌 8 株（占总数 17.39%），其他疑似病原菌 8 株，主要病原菌组成详细情况见表 2。

表 2　鳗鲡菌株信息

种/属	菌株数（株）	占比（%）	种/属	菌株数（株）	占比（%）
维氏气单胞菌	13	28.26	松鼠葡萄球菌	1	2.17
嗜水气单胞菌	1	2.17	巴氏葡萄球菌	1	2.17
温和气单胞菌	2	4.35	头状葡萄球菌	1	2.17
豚鼠气单胞菌	2	4.35	表皮葡萄球菌	1	2.17
异常嗜糖气单胞菌	2	4.35	威尼斯不动杆菌	1	2.17
气单胞菌属	2	4.35	鲍曼不动杆菌	1	2.17
类志贺邻单胞菌	8	17.39	克雷伯菌	1	2.17
彭氏变形杆菌	4	8.90	肠球菌属	1	2.17
普通变形杆菌	2	4.35	总计	46	100.00
变形杆菌属	2	4.35			

3. 供试菌株最小抑菌浓度（MIC）的测定

采用全国水产技术推广总站统一制定的 96 孔药敏板，药敏板布局如表 3 所示，阴性、阳性对照仅加入 MH 培养基，其余孔均加入不同浓度的药物和 MH 培养基。

表 3　药敏板药物浓度（μg/mL）

药物名称	1	2	3	4	5	6	7	8	9	10	11	12
恩诺沙星	200	100	50	25	12.5	6.25	3.125	1.56	0.78	0.39	0.2	0.1
硫酸新霉素	200	100	50	25	12.5	6.25	3.125	1.56	0.78	0.39	0.2	0.1
甲砜霉素	200	100	50	25	12.5	6.25	3.125	1.56	0.78	0.39	0.2	0.1
氟苯尼考	200	100	50	25	12.5	6.25	3.125	1.56	0.78	0.39	0.2	0.1
盐酸多西环素	200	100	50	25	12.5	6.25	3.125	1.56	0.78	0.39	0.2	0.1
氟甲喹	200	100	50	25	12.5	6.25	3.125	1.56	0.78	0.39	0.2	0.1
磺胺间甲氧嘧啶钠	512	256	128	64	32	16	8	4	2	1	阳性对照	阳性对照
磺胺甲噁唑/甲氧苄啶	512/102	256/51.2	128/25.6	64/12.8	32/6.4	16/3.2	8/1.6	4/0.8	2/0.4	1/0.2	阴性对照	阴性对照

（1）菌悬液的制备

挑选平板上单菌落接种至适宜的液体培养基中，培养4~6 h，用无菌培养基校正，使菌液浓度达到1.5×10⁸ cfu/mL。用生理盐水将上述菌悬液以1∶100的比例稀释后备用。

（2）上板

将稀释液倒入灭菌Ｖ形槽内，使用排枪将稀释菌液加入药敏板中，每孔200 μL，使每孔菌液终浓度约为1.0×10⁶ cfu/mL；阴性对照孔加生理盐水200 μL。

（3）培养和判读

将药敏板置于培养箱中合适温度下培养18~24 h后观察。经肉眼观察证实无细菌生长孔中的最低药物浓度，即为药物的最小抑菌浓度。

二、结果

1. 大黄鱼病原菌对抗菌药物的感受性

低温季节引起大黄鱼内脏白点病的病原菌主要有变形假单胞菌和恶臭假单胞菌等假单胞菌菌群。

（1）抗菌药物对变形假单胞菌的MIC

6株变形假单胞菌对几种抗菌药物的感受性测定结果如表4所示。其中，菌株对恩诺沙星、硫酸新霉素、磺胺甲噁唑/甲氧嘧啶组合及盐酸多西环素均较敏感，磺胺甲噁唑/甲氧嘧啶的MIC_{50}最低，为<1 μg/mL，恩诺沙星的MIC_{50}也较低，为0.78 μg/mL，硫酸新霉素和盐酸多西环素的MIC_{50}分别为3.13 μg/mL和1.56 μg/mL。菌株对甲砜霉素、磺胺间甲氧嘧啶钠和氟苯尼考表现为耐药，这三种药物的MIC_{50}分别为50 μg/mL、50 μg/mL和32 μg/mL。

表4　抗菌药物对变形假单胞菌的MIC

供试药物	MIC_{50}/ MIC_{90} (μg/mL)	药物浓度（μg/mL）和菌株数（株）											
		≥200	100	50	25	12.5	6.25	3.125	1.56	0.78	0.39	0.2	≤0.1
恩诺沙星	0.78/1.56							1	2	2	1		
硫酸新霉素	3.13/6.25					1	1	3	1				
甲砜霉素	50/50		1	4		1							
氟苯尼考	50/100		2	4									
盐酸多西环素	1.56/3.13								2	3		1	
磺胺间甲氧嘧啶钠	32/32					6							
磺胺甲噁唑/甲氧苄啶	<1/<1												6

（2）抗菌药物对恶臭假单胞菌的MIC

14株恶臭假单胞菌对几种抗菌药物的感受性测定结果如表5所示。其中，恶臭假单胞菌对磺胺甲噁唑/甲氧苄啶最为敏感，MIC_{50}<1 μg/mL；对恩诺沙星、硫酸新霉素及盐酸多西环素均较敏感，MIC_{50}分别为1.56 μg/mL、3.13 μg/mL和1.56 μg/mL。菌株对甲砜霉素、磺胺间甲氧嘧啶钠和氟苯尼考表现为耐药。

表 5　抗菌药物对恶臭假单胞菌的 MIC

供试药物	$MIC_{50}/$ MIC_{90} $(\mu g/mL)$	药物浓度（μg/mL）和菌株数（株）											
		≥200	100	50	25	12.5	6.25	3.13	1.56	0.78	0.39	0.20	≤0.10
恩诺沙星	1.56/1.56								8	6			
硫酸新霉素	3.13/3.13						2	9	3				
甲砜霉素	50/50		1	7	5	1							
氟苯尼考	50/100		3	9	1	1							
盐酸多西环素	1.56/3.13							3	9	2			
磺胺间甲氧嘧啶钠	32/32					14							
磺胺甲噁唑/甲氧苄啶	＜1/＜1											1	13

（3）抗菌药物对弧菌的 MIC

从大黄鱼体内分离到 17 株弧菌，主要包括哈维氏弧菌、溶藻弧菌、创伤弧菌等。17株弧菌对几种抗菌药物的感受性测定结果如表 6 所示。其中，菌株对磺胺间甲氧嘧啶钠的敏感性最低，MIC_{50} 和 MIC_{90} 分别为 128 μg/mL 和 256 μg/mL。菌株对恩诺沙星、氟苯尼考和盐酸多西环素的敏感性较高，MIC_{50} 均为个位数，其中恩诺沙星的 MIC_{50} 最低，仅为0.2 μg/mL。

表 6　抗菌药物对弧菌的 MIC

供试药物	$MIC_{50}/$ MIC_{90} $(\mu g/mL)$	药物浓度（μg/mL）和菌株数（株）											
		≥200	100	50	25	12.5	6.25	3.13	1.56	0.78	0.39	0.20	≤0.10
恩诺沙星	0.2/0.78									3	1	9	4
硫酸新霉素	12.5/25				3	8	5			1			
甲砜霉素	3.31/50	1		2	3	1	1	3	5			1	
氟苯尼考	0.39/1.56				1				1	2	7	4	2
盐酸多西环素	0.39/25				2	1			2	1	4	5	2
磺胺间甲氧嘧啶钠	128/256		3	6	1	3	2			1	1		
磺胺甲噁唑/甲氧苄啶	0.1/0.2										1	12	4

（4）抗菌药物对发光杆菌的 MIC

分离到 6 株发光杆菌属的菌株，其中美人鱼发光杆菌 2 株。6 株发光杆菌属的菌株对各种抗菌药物的感受性测定结果如表 7 所示。菌株对恩诺沙星、氟苯尼考、盐酸多西环素和磺胺甲噁唑/甲氧苄啶敏感，MIC_{50} 均为个位数；对硫酸新霉素、甲砜霉素和磺胺间甲氧嘧啶钠中度敏感，MIC_{50} 分别为 12.5 μg/mL、3.13 μg/mL、4.0 μg/mL。

表 7 抗菌药物对发光杆菌属的 MIC

供试药物	MIC$_{50}$/MIC$_{90}$ (μg/mL)	药物浓度 (μg/mL) 和菌株数 (株)											
		≥200	100	50	25	12.5	6.25	3.13	1.56	0.78	0.39	0.20	≤0.10
恩诺沙星	0.2/6.25					1						5	
硫酸新霉素	12.5/25				1	3	1	1					
甲砜霉素	3.13/100		1				1	2	2				
氟苯尼考	0.39/1.56								1		4	1	
盐酸多西环素	0.2/100		1								1	4	
磺胺间甲氧嘧啶钠	4/32					3			2	1			
磺胺甲噁唑/甲氧苄啶	1/1										6		

（5）抗菌药物对其他分离株的 MIC

其他气单胞菌也是引起水产养殖动物疾病的致病菌。如表 8 所示，从大黄鱼体内分离到普通变形杆菌、不动杆菌属等其他分离株共计 12 株，12 株菌株对恩诺沙星、磺胺甲噁唑/甲氧苄啶敏感，MIC$_{50}$ 均为个位数；对硫酸新霉素、氟苯尼考、盐酸多西环素和磺胺间甲氧嘧啶钠中度敏感，对甲砜霉素相对耐药。

表 8 抗菌药物对其他气单胞菌分离株的 MIC

供试药物	MIC$_{50}$/MIC$_{90}$ (μg/mL)	药物浓度 (μg/mL) 和菌株数 (株)											
		≥200	100	50	25	12.5	6.25	3.13	1.56	0.78	0.39	0.20	≤0.10
恩诺沙星	0.2/3.13						1	4				4	3
硫酸新霉素	12.5/50			2	3	3	1	2			1		
甲砜霉素	100/200	2	4	1		1		2	2				
氟苯尼考	3.13/25	1			1			3	1		3	1	
盐酸多西环素	1.56/12.5	1				3			4	2		1	1
磺胺间甲氧嘧啶钠	25/50	1		1	8	1				1			
磺胺甲噁唑/甲氧苄啶	1/1			1							11		

（6）抗菌药物对不同养殖场分离菌株的 MIC

比较宁德市蕉城区斗帽养殖点、白基湾养殖点、大湾养殖点和宁德市霞浦县东安养殖点几种抗菌药物对分离菌株的 MIC$_{50}$、MIC$_{90}$，结果见表 9。从 4 个养殖点分离的菌株对几种抗菌药物的敏感性差异不大，其中各株菌对恩诺沙星和磺胺甲噁唑/甲氧苄啶菌较敏感，MIC$_{50}$、MIC$_{90}$ 均为个位数。菌株对甲砜霉素和磺胺间甲氧嘧啶钠相对耐药。

表 9　抗菌药物对不同养殖场分离菌株的 MIC_{50}、MIC_{90}（$\mu g/mL$）

供试药物	MIC_{50}				MIC_{90}			
	宁德斗帽	宁德白基湾	宁德大湾	霞浦东安	宁德斗帽	宁德白基湾	宁德大湾	霞浦东安
恩诺沙星	0.78	0.39	0.20	0.78	3.13	1.56	1.56	1.56
硫酸新霉素	3.13	6.25	3.13	3.13	12.5	25	25	6.25
甲砜霉素	25	25	12.5	50	100	100	50	50
氟苯尼考	3.13	3.13	1.56	12.5	50	100	100	100
盐酸多西环素	1.56	1.56	1.56	1.56	12.5	12.5	3.13	3.13
磺胺间甲氧嘧啶钠	32	12.5	32	12.5	100	25	50	12.5
磺胺甲噁唑/甲氧苄啶	<1	≤1	≤1	<1	<1	≤1	≤1	<1

2. 鳗鲡病原菌对抗菌药物的感受性

（1）抗菌药物对气单胞菌的 MIC

22 株气单胞菌对 7 种抗菌药物的感受性测定结果如表 10 所示。其中，菌株对甲砜霉素、氟苯尼考、盐酸多西环素和磺胺间甲氧嘧啶钠相对耐药，MIC_{50} 和 MIC_{90} 均达检测上限，$MIC \geq 200$ $\mu g/mL$ 的菌株分别占 77.27%、63.64%、77.27% 和 86.36%。菌株对磺胺甲噁唑/甲氧苄啶敏感性较高，MIC_{50} 仅为 4 $\mu g/mL$。

与往年相比，2019 年所分离到的气单胞菌对恩诺沙星和盐酸多西环素的耐药性显著提高，可能是养殖户在养殖过程中大量使用恩诺沙星和盐酸多西环素等抗生素，导致病原菌对其的耐药性增强。

表 10　抗菌药物对 22 株气单胞菌的 MIC

供试药物	$MIC_{50}/$ MIC_{90} （$\mu g/mL$）	药物浓度（$\mu g/mL$）和菌株数（株）										
		≥200	100	50	25	12.5	6.25	3.13	1.56	0.78	0.39	0.20	≤0.10
恩诺沙星	50/100	1	5	9	3	2	1	1				
硫酸新霉素	25/200	6	1	1	4	7	1	2				
甲砜霉素	200/200	17	3			1		1				
氟苯尼考	200/200	14	6		2							
盐酸多西环素	200/200	17	1		1	3						
磺胺间甲氧嘧啶钠	512/512	19		1		1			1			
磺胺甲噁唑/甲氧苄啶	4/16			2			2	4	5	9		

（2）抗菌药物对类志贺邻单胞菌的 MIC

8 株类志贺邻单胞菌对 7 种抗菌药物的感受性测定结果如表 11 所示。其中，菌株对甲砜霉素、氟苯尼考、盐酸多西环素和磺胺间甲氧嘧啶钠敏感性较低，MIC_{50} 和 MIC_{90} 均达检测上限，$MIC \geq 200$ $\mu g/mL$ 的菌株分别占 100.00%、75.00%、100.00% 和 100.00%。菌株对磺胺甲噁唑/甲氧苄啶组合敏感性较高，MIC_{50} 仅为 1.56 $\mu g/mL$。

表 11 抗菌药物对 8 株类志贺邻单胞菌的 MIC

供试药物	MIC$_{50}$/MIC$_{90}$ (μg/mL)	药物浓度 (μg/mL) 和菌株数 (株)											
		≥200	100	50	25	12.5	6.25	3.13	1.56	0.78	0.39	0.20	≤0.10
恩诺沙星	50/100		2	6									
硫酸新霉素	100/200	4	1	1		2							
甲砜霉素	200/200	8											
氟苯尼考	200/200	6	1			1							
盐酸多西环素	200/200	8											
磺胺间甲氧嘧啶钠	512/512	8											
磺胺甲噁唑/甲氧苄啶	1.56/6.25						2		4	2			

(3) 抗菌药物对变形杆菌的 MIC

8 株变形杆菌对 7 种抗菌药物的感受性测定结果如表 12 所示。其中，菌株对甲砜霉素、氟苯尼考、盐酸多西环素和磺胺间甲氧嘧啶钠敏感性较低，MIC$_{50}$ 和 MIC$_{90}$ 均达检测上限，MIC≥200 μg/mL 的菌株分别占 100.00%、100.00%、75.00% 和 100.00%。菌对磺胺甲噁唑/甲氧苄啶敏感性较高，MIC$_{50}$ 仅为 0.39 μg/mL。

表 12 抗菌药物对 8 株类志贺邻单胞菌的 MIC

供试药物	MIC$_{50}$/MIC$_{90}$ (μg/mL)	药物浓度 (μg/mL) 和菌株数 (株)											
		≥200	100	50	25	12.5	6.25	3.13	1.56	0.78	0.39	0.20	≤0.10
恩诺沙星	25/200	2		2	4								
硫酸新霉素	3.13/100		2		2			4					
甲砜霉素	200/200	8											
氟苯尼考	200/200	8											
盐酸多西环素	200/200	6	2										
磺胺间甲氧嘧啶钠	512/512	8											
磺胺甲噁唑/甲氧苄啶	0.39/3.13							1		2	5		

(4) 抗菌药物对其他疑似病原菌的 MIC

还筛选到其他病原菌 8 株，包括类葡萄球菌、不动杆菌和克雷伯菌等，对各种抗菌药物的感受性测定结果如表 13 所示。

表 13 抗菌药物对 8 株其他疑似病原菌的 MIC

供试药物	MIC$_{50}$/MIC$_{90}$ (μg/mL)	药物浓度 (μg/mL) 和菌株数 (株)											
		≥200	100	50	25	12.5	6.25	3.13	1.56	0.78	0.39	0.20	≤0.10
恩诺沙星	50/200	2	2	3		1							
硫酸新霉素	12.5/200	1			1	3		2			1		

（续）

供试药物	MIC$_{50}$/MIC$_{90}$（µg/mL）	药物浓度（µg/mL）和菌株数（株）											
		≥200	100	50	25	12.5	6.25	3.13	1.56	0.78	0.39	0.20	≤0.10
甲砜霉素	200/200	8											
氟苯尼考	200/200	5	1	1	1								
盐酸多西环素	200/200	7							1				
磺胺间甲氧嘧啶钠	512/512	7	1										
磺胺甲噁唑/甲氧苄啶	1.56/3.13							4	2		2		

（5）抗菌药物对不同养殖场分离菌株的 MIC

比较 7 种抗菌药物对三明市富昌水产养殖有限公司、三明宏源养殖有限公司、清流县龙源生态水产养殖场、清流县清泉特种水产养殖场和清流县双源生态养殖有限公司 5 个养殖场的分离菌株的 MIC$_{50}$、MIC$_{90}$，结果见表 14。除硫酸新霉素、氟苯尼考和磺胺甲噁唑/甲氧苄啶外，其余 4 种抗菌药物对 5 个养殖场的菌株 MIC$_{50}$、MIC$_{90}$ 均相同，硫酸新霉素和磺胺甲噁唑/甲氧苄啶对三明市富昌水产养殖有限公司分离菌株的 MIC$_{50}$ 均高于其余 4 个养殖场，表明不同养殖场的用药习惯对菌株的耐药性有一定影响。

表 14　抗菌药物对不同养殖场分离菌株的 MIC$_{50}$、MIC$_{90}$（µg/mL）

供试药物	MIC$_{50}$					MIC$_{90}$				
	A	B	C	D	E	A	B	C	D	E
恩诺沙星	50	50	50	50	50	100	100	100	200	200
硫酸新霉素	200	12.5	25	12.5	25	200	12.5	200	100	200
甲砜霉素	200	200	200	200	200	200	200	200	200	200
氟苯尼考	200	100	200	200	200	200	200	200	200	200
盐酸多西环素	200	200	200	200	200	200	200	200	200	200
磺胺间甲氧嘧啶钠	512	512	512	512	512	512	512	512	512	512
磺胺甲噁唑/甲氧苄啶	4	1	4	4	1	4	16	128	8	16

注：A～E 分别代指三明市富昌水产养殖有限公司、三明宏源养殖有限公司、清流县龙源生态水产养殖场、清流县清泉特种水产养殖场和清流县双源生态养殖有限公司。

三、分析与建议

1. 关于鳗鲡源主要病原菌对抗菌药物感受性的分析

从 2019 年鳗鲡源主要病原菌（气单胞菌、类志贺邻单胞菌和变形杆菌）药敏试验结果来看，在 7 种抗菌药物中，主要病原菌对磺胺甲噁唑/甲氧苄啶药敏感性最高，其 MIC$_{50}$ 均小于 4，但药物敏感性情况还有待持续跟踪检测。而病原菌对恩诺沙星和盐酸多西环素的感受性较往年变化巨大，由对其敏感变为耐药。这可能是由于养鳗者对水产养殖病害预防意识薄弱，进苗时不重视检疫、池塘消毒不彻底以及不及时采取科学措施预防等，且一旦发现病鱼就投放大量抗菌药物所造成的。这种无病不预防、有病滥用药的做法，造成了大量病原菌耐药，加大了水产养殖病害的防治难度。因此，在养鳗过程中，应提高养鳗者科学用药及生态防控病害的意识，避免其滥用药。

2. 关于有效预防鳗鲡、大黄鱼主要细菌性疾病的相关建议

由 2019 年的监测结果可知，从鳗鲡体内分离到的病原菌主要是气单胞菌，大黄鱼体内分离到的病原菌主要是假单胞菌及弧菌。根据药敏试验结果，气单胞菌、假单胞菌及弧菌对磺胺间甲氧嘧啶钠和磺胺甲噁唑/甲氧苄啶抗菌药物的敏感性均较高，所以建议养殖户适当使用。鼓励开发安全高效环境友好型绿色的抗菌药物替代品（如酶制剂、微生态制剂和中草药制剂等）来预防鳗鲡、大黄鱼的主要细菌性疾病。

2019年山东省水产养殖动物病原菌耐药性状况分析

潘秀莲[1] 秦玉广[2] 徐玉龙[3] 杨凤香[4]
（1. 山东省渔业技术推广站 2. 山东省淡水渔业研究院
3. 聊城市茌平区水产渔业技术推广服务中心 4. 济宁市水产技术推广站）

2019年，山东省渔业技术推广站会同山东省淡水渔业研究院制定并执行了《2019年山东省水产养殖病原菌耐药性监测工作方案》，分别开展了乌鳢和加州鲈耐药性监测，现将结果发布如下。

一、试验材料与方法

1. 试验材料

（1）病原菌分离培养

供试菌株来自监测点采集的患病或健康乌鳢、加州鲈。2019年7—10月分别开展加州鲈和乌鳢药敏试验，采集具有典型病症的病鱼试验样品，并采集正常样品进行例行检验，其中加州鲈每个采样点采集样本2尾，乌鳢每个采样点采集样本6尾，活体充氧带回实验室，解剖，选取腹水、心脏、肝脏、肾脏、脾脏等组织，划线接种于血琼脂平板或TSA培养基平板上，28～35 ℃倒置培养16～24 h。观察菌落生长情况，挑取优势单菌落重划线纯培养，或挑取生长良好的优势单菌落临时编号，直接用于药敏试验，或接种于TSA培养基斜面保存1份。同时制备TSB甘油菌冻存管2份，1份自存，另1份寄送上海海洋大学进行菌种鉴定。

（2）供试药物

供试的抗生素类药物为全国水产技术推广总站配发的96孔药敏板，内容为恩诺沙星、硫酸新霉素、甲砜霉素、氟苯尼考、盐酸多西环素、氟甲喹、磺胺间甲氧嘧啶、磺胺甲噁唑/甲氧苄啶。

2. 药敏检验试验方法

挑取单菌落，用生理盐水制备成1.5×10^8 cfu/mL的菌液浓度，接种于全国水产技术推广总站配发的96孔药敏板上。药敏检验试验操作，按照药敏试剂板说明书严格执行，每个测试菌株设置3个平行，接种后28 ℃培养24～48 h，定时观察生长状况，待稳定后记录最小抑菌浓度（MIC）。

3. 数据结果统计方法

供试菌株测试结果敏感标记"S"，不敏感标记为"R"，MIC取3个平行测试的最大MIC，保障应用于生产指导的有效性，同时将测试结果MIC最小的药物确定为抑制该菌株的优选药物。

二、测试结果与分析

1. 加州鲈药敏测试结果

(1) 病原菌分离结果

加州鲈发病样本先后分离到优势病原菌6株，分别编号为"2019070901""2019070902"
"2019080104""2019080105""2019092701""2019092702"；健康样本分离到病原菌2株，
编号为"2019070903"和"2019102801"（表1）。

表1 加州鲈病原菌耐药性试验采样统计

日 期	采样点	病原菌编号	健康状况	备 注
	泰丰渔场	2019070901	发病	一尾病鱼通过分离培养
20190709	泰丰渔场	2019070902	发病	得到两株病原菌
	袁恒峰渔场	2019070903	正常	
20190801	泰丰渔场	2019080104	发病	
	袁恒峰渔场	2019080105	发病	
20190927	袁恒峰渔场	2019092701	发病	
	泰丰渔场	2019092702	发病	
20191028	泰丰渔场	2019102801	正常	
	袁恒峰渔场		正常	未分离出病原菌

(2) 药敏试验结果

菌株2019070901仅对硫酸新霉素敏感，其MIC为6.25 μg/mL。菌株2019070902对
恩诺沙星、硫酸新霉素、盐酸多西环素、磺胺甲噁唑/甲氧苄啶敏感，且对硫酸新霉素最
敏感，其MIC为6.25 μg/mL。菌株2019070903对恩诺沙星、硫酸新霉素、盐酸多西环
素、磺胺甲噁唑/甲氧苄啶敏感，对硫酸新霉素最敏感，其MIC也为6.25 μg/mL。菌株
2019080104对恩诺沙星、硫酸新霉素、氟苯尼考、盐酸多西环素敏感，其中对硫酸新霉
素和盐酸多西环素最敏感，其MIC均为0.39 μg/mL。菌株2019080105对恩诺沙星、硫
酸新霉素、盐酸多西环素、磺胺甲噁唑/甲氧苄啶敏感，且对硫酸新霉素最敏感，其MIC
为6.25 μg/mL。菌株2019092701对恩诺沙星、硫酸新霉素、盐酸多西环素敏感，对硫酸
新霉素最敏感，其MIC为6.25 μg/mL。菌株2019092702对恩诺沙星、硫酸新霉素、盐
酸多西环素敏感，对硫酸新霉素最敏感，其MIC为3.13 μg/mL。菌株2019102801对恩
诺沙星、硫酸新霉素、氟苯尼考、盐酸多西环素磺胺甲噁唑/甲氧苄啶敏感，对恩诺沙星
最敏感，其MIC为0.39 μg/mL（表2）。

表2 加州鲈药敏试验结果

菌株编号	敏感药物	优选药物	MIC(μg/mL)
2019070901	硫酸新霉素	硫酸新霉素	6.25
2019070902	恩诺沙星、硫酸新霉素、盐酸多西环素、磺胺甲噁唑/甲氧苄啶	硫酸新霉素	6.25

（续）

菌株编号	敏感药物	优选药物	MIC（μg/mL）
2019070903	恩诺沙星、硫酸新霉素、盐酸多西环素、磺胺甲噁唑/甲氧苄啶	硫酸新霉素	6.25
2019080104	恩诺沙星、硫酸新霉素、氟苯尼考、盐酸多西环素	硫酸新霉素 盐酸多西环素	0.39
2019080105	恩诺沙星、硫酸新霉素、盐酸多西环素、磺胺甲噁唑/甲氧苄啶	硫酸新霉素	6.25
2019092701	恩诺沙星、硫酸新霉素、盐酸多西环素	硫酸新霉素	6.25
2019092702	恩诺沙星、硫酸新霉素、盐酸多西环素	硫酸新霉素	3.13
2019102801	恩诺沙星、硫酸新霉素、氟苯尼考、盐酸多西环素、磺胺甲噁唑/甲氧苄啶	恩诺沙星	0.39

2. 乌鳢药敏测试结果

（1）病原菌分离结果

乌鳢两个采样点的发病样本分离到优势病原菌 3 株，分别编号："2019071601""2019071602"和"2019071603"。

（2）药敏试验结果

菌株 2019071601 对恩诺沙星、硫酸新霉素、氟苯尼考、盐酸多西环素、氟甲喹、磺胺间甲氧嘧啶钠、磺胺甲噁唑/甲氧苄啶敏感，对恩诺沙星、硫酸新霉素、氟苯尼考最敏感，其 MIC 均为 0.39 μg/mL。菌株 2019071602 对恩诺沙星、硫酸新霉素、氟苯尼考、盐酸多西环素、氟甲喹、磺胺间甲氧嘧啶钠、磺胺甲噁唑/甲氧苄啶敏感，对盐酸多西环素最敏感，其 MIC 为 3.13 μg/mL。敏感度最低的是磺胺间甲氧嘧啶钠，MIC 为 128 μg/mL。菌株 2019071603 敏感抗生素种类同上，但对恩诺沙星最敏感，其 MIC 为 0.2 μg/mL；敏感度最低的是盐酸多西环素和氟甲喹，均为 100 μg/mL（表 3）。

表 3 乌鳢药敏试验结果

菌株编号	敏感药物	优选药物	MIC（μg/mL）
2019071601	恩诺沙星、硫酸新霉素、氟苯尼考、盐酸多西环素、氟甲喹、磺胺间甲氧嘧啶钠、磺胺甲噁唑/甲氧苄啶	恩诺沙星 硫酸新霉素 氟苯尼考	0.39
2019071602	恩诺沙星、硫酸新霉素、氟苯尼考、盐酸多西环素、氟甲喹、磺胺间甲氧嘧啶钠、磺胺甲噁唑/甲氧苄啶	盐酸多西环素	3.13
2019071603	恩诺沙星、硫酸新霉素、氟苯尼考、盐酸多西环素、氟甲喹、磺胺间甲氧嘧啶钠、磺胺甲噁唑/甲氧苄啶	恩诺沙星	0.2

3. 药敏与耐药性监测结果分析

（1）加州鲈

加州鲈病原菌所有分离菌株对硫酸新霉素均为敏感，该抗生素可以作为测试点及周边地区常见和新发细菌性疾病的首选备用药物。

（2）乌鳢

乌鳢药敏试验与耐药性监测结果显示，采样分离到的病原菌株除了均对甲砜霉素不敏感之外，对多种抗生素类药物表现出了不同程度的感受性，综合各方面比较，使用恩诺沙星进行细菌性疾病的防控效果较好。

2019 年河南省水产养殖动物病原菌耐药性状况分析

杨雪冰　陈　颖

（河南省水产技术推广站）

2019 年 6—11 月，从河南省人工养殖的黄河鲤和斑点叉尾鮰鱼体内分离病原菌，测定其对水产用抗生素类药物的敏感性，现总结如下。

一、材料与方法

1. 供试药物

供试的药物为全国水产技术推广总站提供的药敏检测板，药物种类包括恩诺沙星、硫酸新霉素、甲砜霉素、氟苯尼考、盐酸多西环素、氟甲喹、磺胺间甲氧嘧啶钠、磺胺甲噁唑/甲氧苄啶 8 种抗菌药物。

2. 供试菌株

2019 年 6—11 月，分别从河南省郑州市中牟县、荥阳市（王村镇），洛阳市孟津县，新乡市延津县，开封市龙亭区等养殖池塘，饲养的黄河鲤和斑点叉尾鮰体内分离到 47 株菌株，包括 10 株维氏气单胞菌、2 株豚鼠气单胞菌、1 株异常嗜糖气单胞菌、3 株不动杆菌、1 株芽孢杆菌、7 株微杆菌、3 株其他杆菌、3 株内生微球菌、2 株葡萄球菌、1 株脓球菌、5 株类志贺邻单胞菌和 9 株其他细菌。

3. 供试菌株最小抑菌浓度（MIC）的测定

药敏测试采用药敏分析试剂板，挑取纯化后的单个菌落加入 5 mL 生理盐水中，制成 1.5×10^8 cfu/mL 浓度的菌悬液 A 管，从 A 管中吸取 200 μL 菌悬液加入 20 mL 无菌生理盐水中，混匀后每个微孔加 200 μL，阴性对照孔加入 200 μL 无菌生理盐水。放入 28 ℃恒温培养箱中培养 24～28 h 后读取结果。通过肉眼判定，无菌生长孔对应最低药物浓度，即为药物的最小抑菌浓度（MIC）。为了便于数据分析比较，采用参数 MIC_{50}、MIC_{90} 来比较界定菌株耐药或敏感。

二、试验结果

1. 气单胞菌对抗菌药物的感受性

13 株气单胞菌包括 10 株维氏气单胞菌、2 株豚鼠气单胞菌、1 株异常嗜糖气单胞菌，对各种抗菌药物感受性如表 1、图 1 所示。

2. 杆菌对抗菌药物的感受性

14 株杆菌包括 3 株不动杆菌、1 株芽孢杆菌、7 株微杆菌和 3 株其他杆菌（尼尔森杆菌、大肠杆菌、金黄杆菌），对各种抗菌药物感受性如表 2、图 2 所示。

表 1 不同抗菌药物对气单胞菌的 MIC（μg/mL）

菌株编号	恩诺沙星	硫酸新霉素	甲砜霉素	氟苯尼考	盐酸多西环素	氟甲喹	磺胺间甲氧嘧啶钠	磺胺甲噁唑/甲氧苄啶
20190608L	0.39	6.25	6.25	1.56	0.39	200	200	512/102
20190706L	0.39	6.25	6.25	1.56	6.25	200	200	128/25.6
20190709K	0.1	0.39	6.25	1.56	6.25	200	200	256/51.2
20190713L	0.2	3.13	12.5	3.13	0.78	200	200	256/51.2
20190801L	200	200	200	200	200	200	512	512/102
20190809K	25	50	200	200	50	200	512	512/102
20190810L	12.5	25	200	200	25	200	512	512/102
20191103K	0.39	6.25	6.25	0.78	0.2	200	512	256/51.2
20191109K	12.5	12.5	200	200	0.39	200	512	32/6.4
20191110K	1.56	6.25	200	200	6.25	200	512	512/102
20190801K	0.1	0.78	200	1.56	0.2	100	512	512/102
20190807K	0.1	0.39	12.5	1.56	0.39	200	512	512/102
20190808L	0.78	1.56	6.25	1.56	1.56	200	512	32/6.4

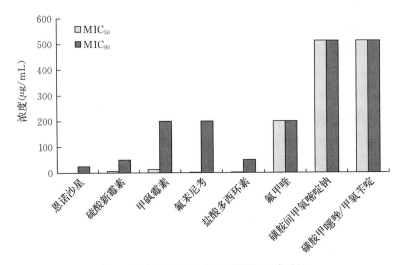

图 1 气单胞菌对各种抗菌药物的感受性

表 2 不同抗菌药物对杆菌的 MIC（μg/mL）

菌株编号	恩诺沙星	硫酸新霉素	甲砜霉素	氟苯尼考	盐酸多西环素	氟甲喹	磺胺间甲氧嘧啶钠	磺胺甲噁唑/甲氧苄啶
20190612K	0.1	0.2	200	25	0.39	200	200	32/6.4
20190614L	1.56	6.25	50	12.5	1.56	25	200	4/0.8
20190615L	0.2	0.78	200	3.13	0.1	200	200	1/0.2

（续）

菌株编号	恩诺沙星	硫酸新霉素	甲砜霉素	氟苯尼考	盐酸多西环素	氟甲喹	磺胺间甲氧嘧啶钠	磺胺甲噁唑/甲氧苄啶
20190706L	6.25	6.25	12.5	0.78	12.5	200	200	256/51.2
20190714L	0.1	0.39	200	25	0.1	50	200	4/0.8
20190803L	0.1	0.39	200	200	0.1	0.39	512	512/102
20190803K	0.1	0.39	200	100	3.13	0.78	512	512/102
20190804L	0.1	0.39	200	100	1.56	0.78	512	512/102
20190804K	0.1	0.2	25	3.13	0.1	0.78	512	16/3.2
20190806L	50	100	200	200	100	200	512	512/102
20190809L	0.2	0.39	25	3.13	0.1	0.78	512	16/3.2
20191102L	0.39	6.25	200	12.5	0.2	25	512	2/0.4
20190816L	0.1	0.1	3.13	0.78	0.1	0.78	512	2/0.4
20191109L	0.1	1.56	200	1.56	0.39	25	512	1/0.2

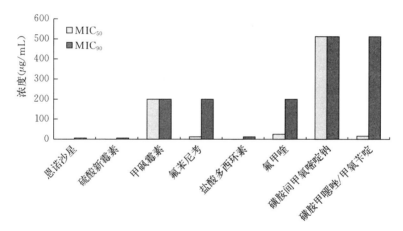

图 2　杆菌对各种抗菌药物的感受性

3. 球菌对各种抗菌药物的感受性

6 株球菌包括 3 株内生微球菌、2 株葡萄球菌和 1 株脓球菌，对抗菌药物的感受性见表 3、图 3。

表 3　不同抗菌药物对球菌的 MIC（µg/mL）

菌株编号	恩诺沙星	硫酸新霉素	甲砜霉素	氟苯尼考	盐酸多西环素	氟甲喹	磺胺间甲氧嘧啶钠	磺胺甲噁唑/甲氧苄啶
20190808K	0.78	0.1	200	12.5	0.1	1.56	512	512/102
20190811K	0.39	0.39	200	200	200	0.39	512	4/0.8
20190817L	0.1	0.2	12.5	3.13	3.13	12.5	512	512/102
20191102K	0.2	0.39	25	3.13	0.2	3.13	1	1/0.2
20190802L	3.13	1.56	6.25	3.13	25	0.78	512	8/1.6
20191108K	0.2	0.1	25	6.25	0.2	100	512	512/102

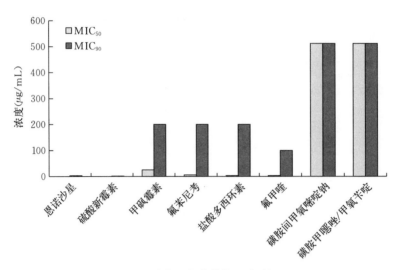

图 3 球菌对抗菌药物的感受性

4. 类志贺邻单胞菌对各种抗菌药物的感受性

5 株类志贺邻单胞菌对抗菌药物的感受性见表 4、图 4。

表 4 不同抗菌药物对类志贺邻单胞菌的 MIC（μg/mL）

菌株编号	恩诺沙星	硫酸新霉素	甲砜霉素	氟苯尼考	盐酸多西环素	氟甲喹	磺胺间甲氧嘧啶钠	磺胺甲噁唑/甲氧苄啶
20190703K	0.2	0.39	0.39	0.1	0.1	1.56	200	4/0.8
20190704L	6.25	6.25	200	50	1.56	100	200	512/102
20190704K	0.39	1.56	200	50	0.2	200	200	8/1.6
20190813L	0.39	50	200	100	25	200	512	512/102
20191113K	1.56	25	200	200	6.25	200	512	512/102

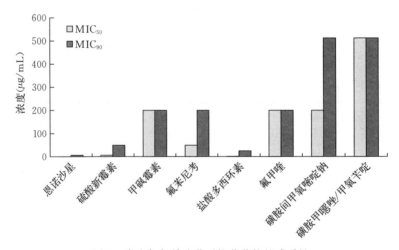

图 4 类志贺邻单胞菌对抗菌药物的感受性

三、分析与建议

以分离到的 13 株气单胞菌为例，恩诺沙星、氟苯尼考、盐酸多西环素对菌株的 MIC_{50} 在 $0.39\sim1.56\ \mu g/mL$（表 5）。在所测试的抗菌药物中，恩诺沙星为最敏感的药物；其次是硫酸新霉素和甲砜霉素，MIC_{50} 依次是 $6.25\ \mu g/mL$ 和 $12.5\ \mu g/mL$。氟甲喹、磺胺间甲氧嘧啶钠、磺胺甲噁唑/甲氧苄啶的 MIC_{50} 均在 $200\ \mu g/mL$ 以上，为最不敏感性药物。目前的药敏试验结果表明，对于养殖户在选择用药时，恩诺沙星、氟苯尼考、盐酸多西环素、硫酸新霉素等为首选抗菌药物，尽量不要选择氟甲喹、磺胺间甲氧嘧啶钠、磺胺甲噁唑/甲氧苄啶等药物。

表 5　不同抗菌药物对其他菌的 MIC（$\mu g/mL$）

菌株编号	恩诺沙星	硫酸新霉素	甲砜霉素	氟苯尼考	盐酸多西环素	氟甲喹	磺胺间甲氧嘧啶钠	磺胺甲噁唑/甲氧苄啶
20190616L	0.2	0.78	200	200	1.56	200	200	128/25.6
20190711L	25	1.56	200	200	50	200	200	512/102
20190713L	0.1	0.78	50	50	0.1	100	200	2/0.4
20190714L	0.78	3.13	200	12.5	0.78	200	200	512/102
20190805L	200	100	200	200	100	200	512	512/102
20190805K	50	50	200	200	100	200	512	512/102
20190813K	0.39	0.1	3.13	1.56	0.1	0.1	512	4/0.8
20191106K	0.2	0.78	12.5	1.56	0.2	200	512	4/0.8
20191110L	25	200	200	200	6.25	200	512	512/102

2019 年湖北省水产养殖动物病原菌耐药性状况分析

卢伶俐　韩育章　许钦涵　温周瑞

（湖北省水产科学研究所鱼类病害防治及预测预报中心）

为了更好地掌握水产养殖主要病原菌的耐药性变化，推动渔业绿色健康发展，2019 年 4—10 月，湖北省水产科学研究所鱼类病害防治及预测预报中心每月采集鲫样品，从样品体内分离纯化病原菌株，检测其对 8 种国标渔药的耐药性，为水产养殖业规范用药、科学用药、精准用药提供理论依据和参考。监测过程及结果如下。

一、材料与方法

1. 供试药物

供试药物：恩诺沙星、硫酸新霉素、甲砜霉素、氟苯尼考、盐酸多西环素、氟甲喹、磺胺间甲氧嘧啶钠、磺胺甲噁唑/甲氧苄啶。供试所用药敏分析试剂板由全国水产技术推广总站提供。

2. 样品来源

所有菌株均分离自鲫样品，所有鲫样品取自湖北省武汉市黄陂区和湖北省黄冈市两个异育银鲫基地。不同地区、不同月份采集的样品鲫的数量如表 1 所示。

表 1　4—10 月各采样点所采样品鲫的数量（尾）

采样地区	4 月	5 月	6 月	7 月	8 月	9 月	10 月
黄陂	7	8	12	10	13	15	10
黄冈	5	5	10	5	5	16	15

3. 菌株分离与鉴定

4—9 月从 111 尾鲫的肝脏、脾脏、肾脏划线分离到 84 株菌株，纯化后，送上海海洋大学进行菌株种类分析鉴定；10 月从 25 条样品鲫体内分离的 20 株菌株由具有相关资质的武汉转导生物实验室有限公司分析鉴定。

4. 供试菌株最小抑菌浓度（MIC）的测定

挑取纯化后的单个菌落于 5 mL 无菌生理盐水中，制成 $1.5×10^8$ cfu/mL 的菌悬液 A 管；取 2 支 10 mL 的无菌生理盐水，打开任意一瓶，以无菌的方式向阴性对照孔中分别加入 200 μL 无菌生理盐水；从 A 管中吸取 200 μL 菌悬液加入打开的 10 mL 无菌生理盐水中制成 B 管。将 B 管中所有菌液倒入经灭菌的 V 形槽内，再将另一支 10 mL 无菌生理盐水倒入 V 形槽中。混匀后，利用微量移液器吸取 V 形槽中的菌液加入所有微孔中（阴性对照除外），每孔 200 μL；将加好样的药敏分析试剂板放入 28 ℃恒温培养箱培养 24～28 h

后读取结果。

5. 判断标准

与阳性对照孔比较，药敏分析试剂板孔底变浑浊，为阳性（＋）；药敏分析试剂板孔底澄明，为阴性（－）。以在微孔内完全抑制细菌生长的最低药物浓度为 MIC。当阳性对照孔（即不含抗生素）内细菌明显生长时试验才有意义。当出现单一的跳孔时，应记录抑制细菌生长的最高药物浓度。

二、结果

1. 实际生产中病害种类、造成的损失及药物使用情况

黄陂采样点主要从事鱼苗生产，鱼苗的病害较少，也几乎没有使用渔药。黄冈养殖基地鲫的病害种类主要是细菌性败血症、孢子虫病和车轮虫病，细菌性败血症主要发病时间是 7—9 月，死亡率为 10％，外泼辛硫磷、苯扎溴铵，内服恩诺沙星加三黄粉加电解多维，效果较为理想。

2. 分离到的菌株

分离到的 104 株菌株中有 100 株为病原菌（图 1），其中，气单胞菌属细菌 93 株，分别为嗜水气单胞菌 33 株，维氏气单胞菌 40 株，达卡气单胞菌 2 株，斑点气单胞菌、杀鲑气单胞菌、温和气单胞菌、简达气单胞菌和豚鼠气单胞菌各 1 株，另有 13 株未检出具体种类的气单胞菌属细菌。除了气单胞菌外，还有梭形芽孢杆菌、迟缓爱德华氏菌、铜绿假单胞菌、奇异变形杆菌、邻单胞杆菌属、泛菌属、假单胞杆菌属各 1 株。由于气单胞菌属占总病原菌的 93％，其中嗜水气单胞菌占总病原菌的 33％，维氏气单胞菌占总病原菌的 40％，所以从中选取嗜水气单胞菌和维氏气单胞菌 40 株测定其对 8 种国标渔药的最小抑菌浓度。

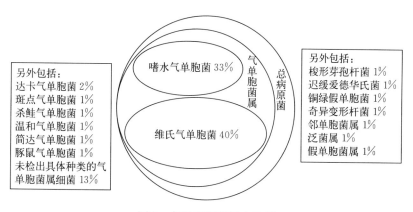

图 1 各种病原菌所占比例

3. 嗜水气单胞菌对 8 种国标渔药的敏感性

检测了 19 株嗜水气单胞菌对 8 种国标渔药的敏感性，其具体结果见表 2。从表 2 可以看出，恩诺沙星对嗜水气单胞菌的最小抑菌浓度范围为 ≤0.39 $\mu g/mL$，个别菌株对其出现高敏感性（MIC＜0.1 $\mu g/mL$），抑制 90％的细菌生长的 MIC_{90} 为 0.39 $\mu g/mL$；硫酸新霉素对嗜水气单胞菌的 MIC 为 ≥0.2 $\mu g/mL$，但大部分位于 0.2～3.13 $\mu g/mL$，个别

菌株对其敏感性较低（MIC>200 μg/mL），其 $MIC_{90}=3.13\ \mu$g/mL；甲砜霉素对嗜水气
单胞菌的 MIC 为 1.56～12.5 μg/mL，但大部分集中在 6.25～12.5 μg/mL，个别菌株的
敏感性稍高（MIC=1.56 μg/mL），其 $MIC_{90}=12.5\ \mu$g/mL；氟苯尼考对嗜水气单胞菌的
MIC 在 0.78～6.25 μg/mL，但大部分集中在 3.13～6.25 μg/mL，个别菌株对其敏感度
稍高（MIC=0.78 μg/mL），其 $MIC_{90}=6.25\ \mu$g/mL；盐酸多西环素对嗜水气单胞菌的
MIC 范围为 0.2～0.78 μg/mL，其 $MIC_{90}=0.39\ \mu$g/mL；氟甲喹对嗜水气单胞菌的 MIC
离散程度较大，集中在 0.1～3.13 μg/mL，但有个别菌株对其敏感度较低（MIC=100～
200 μg/mL），其 $MIC_{90}=3.13\ \mu$g/mL；磺胺间甲氧嘧啶钠对嗜水气单胞菌的 MIC 范围为
4～512 μg/mL，其 $MIC_{90}=64\ \mu$g/mL，个别菌株对其敏感度较差（MIC=512 μg/mL）；
磺胺甲噁唑/甲氧苄啶对嗜水气单胞菌的 MIC 为 ≤64/12.8 μg/mL，其 $MIC_{90}=8/1.6\ \mu$g/mL，
个别菌株对其敏感性较低（MIC=64/12.8 μg/mL）。

　　试验结果表明，恩诺沙星和盐酸多西环素对嗜水气单胞菌的抑菌效果最好，这两种药
的 MIC 离散程度低，且其 MIC_{90}（0.39 μg/mL）在 8 种国标渔药中最低。此外，甲砜霉
素和氟苯尼考对嗜水气单胞菌的抑菌效果也较好，没有出现 MIC≥200 μg/mL 的菌株，
MIC_{90} 的浓度相对也较低。

表 2　嗜水气单胞菌对 8 种国标渔药的感受性分布（$n=19$）

药物名称	MIC_{90} (μg/mL)	MIC 区间 (μg/mL)	MIC (μg/mL) 分布												
			>200	200	100	50	25	12.5	6.25	3.13	1.56	0.78	0.39	0.2	0.1	<0.1
恩诺沙星	0.39	≤0.39											12	6		1
硫酸新霉素	3.13	≥0.2	1							1	3	10	3	1		
甲砜霉素	12.5	1.56～12.5						15	3		1					
氟苯尼考	6.25	0.78～6.25						15	3		1					
盐酸多西环素	0.39	0.2～0.78										1	5	13		
氟甲喹	3.13	≤200	1	1						1	1	1	1	6		7

药物名称	MIC_{90} (μg/mL)	MIC 区间 (μg/mL)	MIC (μg/mL) 分布												
			>512	512	256	128	64	32	16	8	4	2	1	<1	阳性对照	阳性对照
磺胺间甲氧嘧啶钠	64	4～512		1				3		3	4					

药物名称	MIC_{90} (μg/mL)	MIC 区间 (μg/mL)	MIC (μg/mL) 分布												
			>512/102	512/102	256/51.2	128/25.6	64/12.8	32/6.4	16/3.2	8/1.6	4/0.8	2/0.4	1/0.2	<1/0.2	阴性对照	阴性对照
磺胺甲噁唑/甲氧苄啶	8/1.6	≤64/12.8					1			3	3	7	5			

4. 维氏气单胞菌对 8 种国标渔药的敏感性

检测了 21 株维氏气单胞菌对 8 种国标渔药的敏感性，其具体结果见表 3。从表 3 可以看出，恩诺沙星对维氏气单胞菌的 MIC 区间为≤0.78 $\mu g/mL$，其 $MIC_{90}=0.39\ \mu g/mL$，大部分菌株对其敏感性较高，个别菌株对其敏感性稍低（MIC=0.78 $\mu g/mL$）；硫酸新霉素对维氏气单胞菌的 MIC 范围在 0.2～6.25 $\mu g/mL$，其 $MIC_{90}=3.13\ \mu g/mL$，个别菌株对其敏感性稍低（MIC=6.25 $\mu g/mL$）；甲砜霉素对维氏气单胞菌的 MIC 集中在 1.56～12.5 $\mu g/mL$，个别菌株的敏感性稍低（MIC=12.5 $\mu g/mL$），其 $MIC_{90}=6.25\ \mu g/mL$；氟苯尼考对维氏气单胞菌的 MIC 集中在 0.78～6.25 $\mu g/mL$，其 $MIC_{90}=1.56\ \mu g/mL$，个别菌株对其敏感性较低（MIC=6.25 $\mu g/mL$）；盐酸多西环素对维氏气单胞菌的 MIC 范围为 0.39～25 $\mu g/mL$ 之间，其 $MIC_{90}=3.13\ \mu g/mL$，个别菌株的敏感性较低（MIC=25 $\mu g/mL$）；氟甲喹对维氏气单胞菌的 MIC 离散程度较大，集中在≥100 $\mu g/mL$ 的浓度范围，但有个别菌株对其敏感性较高（MIC=0.2 $\mu g/mL$），其 $MIC_{90}>200\ \mu g/mL$；磺胺间甲氧嘧啶钠对维氏气单胞菌的 MIC 范围为≥2 $\mu g/mL$，离散程度较大，但主要是集中在 16～64 $\mu g/mL$，其 $MIC_{90}=64\ \mu g/mL$，个别菌株对其敏感性较差（MIC>512 $\mu g/mL$）也有个别菌株对其敏感性较强（MIC=2 $\mu g/mL$）；磺胺甲噁唑/甲氧苄啶对维氏气单胞菌的 MIC 在 2/0.4～512/102 $\mu g/mL$，离散程度也较大，其 $MIC_{90}=32/6.4\ \mu g/mL$，个别菌株对其敏感性较低（MIC=512/102 $\mu g/mL$）。

试验结果表明，恩诺沙星和氟苯尼考是抑制维氏气单胞菌生长的理想药物，恩诺沙星的 MIC 虽然离散程度较大，但是抑制 90％维氏气单胞菌生长的浓度最低，为 0.39 $\mu g/mL$；氟苯尼考的 MIC 的离散程度最低，说明出现耐药性菌株的可能性较低，使用浓度达到 1.56 $\mu g/mL$ 的氟苯尼考时可以抑制 90％的维氏气单胞菌的生长。另外，两个地区的维氏气单胞菌很可能都已经对氟甲喹产生较强的耐药性。

表 3　维氏气单胞菌对 8 种国标渔药的感受性分布（$n=21$）

药物名称	MIC_{90} ($\mu g/mL$)	MIC 区间 ($\mu g/mL$)	MIC（$\mu g/mL$）分布													
			>200	200	100	50	25	12.5	6.25	3.13	1.56	0.78	0.39	0.2	0.1	<0.1
恩诺沙星	0.39	≤0.78										2	4	5	1	9
硫酸新霉素	3.13	0.2～6.25							1	7	4		5	2		
甲砜霉素	6.25	1.56～12.5						2	2	15	2					
氟苯尼考	1.56	0.78～6.25							2	18	1					
盐酸多西环素	3.13	0.39～25					1			5	2	8	5			
氟甲喹	>200	≥0.2	8	7	3	1					1			1		

（续）

药物名称	MIC$_{90}$ (μg/mL)	MIC区间 (μg/mL)	MIC (μg/mL) 分布													
			>512	512	256	128	64	32	16	8	4	2	1	<1	阳性对照	阳性对照
磺胺间甲氧嘧啶钠	64	≥2	1				1	7	9	2			1			
			>512/102	512/102	256/51.2	128/25.6	64/12.8	32/6.4	16/3.2	8/1.6	4/0.8	2/0.4	1/0.2	<1/0.2	阴性对照	阴性对照
磺胺甲噁唑/甲氧苄啶	32/6.4	2/0.4～512/102	1	1				2	8	6	2	1				

三、分析与建议

上述结果中，无论是嗜水气单胞菌或维氏气单胞菌，都出现了对特定药物敏感性与总体水平偏差较大的菌株，对这些菌株进行了 3 次重复试验，排除了试验误差的可能性。分析出现这些菌株的样品鲫，发现这些样品鲫都来自黄冈市水产科学研究所异育银鲫基地，出现这一情况的原因可能与细菌血清型相关。细菌的血清型分布与地理位置相关，不同地区同一种细菌可能出现多种不同的血清型，而不同的血清型可能会对同一种药物出现不同的敏感性。对比两个地区的病原菌对同一种药物的 MIC 离散程度，不论是嗜水气单胞菌还是维氏气单胞菌，在黄陂地区的 MIC 离散程度都比黄冈地区的 MIC 离散程度要低。

养殖生产中需要严格控制养殖密度，注意改良池塘底质和水质，培养出"肥、爽、嫩、活"的水体，给鱼提供良好的生活环境。密切观察鱼类的活动及摄食情况，对病害做到早发现、早诊断、早治疗。当发现鱼体患病后，应根据病症、发病条件、流行情况、病原种类等，准确判断病因并对症用药。通过本次对湖北省境内鲫病原菌耐药性监测，发现本省境内鲫的主要病原菌为嗜水气单胞菌和维氏气单胞菌，而本次耐药性测试发现这两种病原菌都可以通过较低浓度的恩诺沙星、盐酸多西环素、氟苯尼考等国标渔药得到有效抑制，这三种药可以作为首选药物，其次可以选择硫酸新霉素或甲砜霉素。每种药物在具体的使用中需要结合药物的具体使用方法及其他相关因素进行综合考虑。不建议使用磺胺间甲氧嘧啶钠、磺胺甲噁唑/甲氧苄啶和氟甲喹，因为磺胺间甲氧嘧啶钠和磺胺甲噁唑/甲氧苄啶都属于磺胺类药物，而气单胞菌对磺胺类药物极易产生耐药性。另外从上述结果中可以发现氟甲喹对维氏气单胞菌的最小抑菌浓度很多都超过测试浓度上限，对嗜水气单胞菌的最小抑菌浓度也有达到测试浓度上限的试验组，表明氟甲喹对该地区气单胞菌的抑制效果不理想。

对水产养殖动物病原菌进行药敏试验，对于做到精准用药和合理用药十分重要。对水产养殖动物病原生物进行药物敏感性监测，是科学用药的基础，也是避免渔用药物对水产品和环境造成污染的重要手段。

2019 年广东省水产养殖动物病原菌耐药性状况分析

唐 姝 林华剑 倪 军 张 志

（广东省动物疫病预防控制中心）

为指导生产一线科学选择和使用水产用抗生素类药物，提高防控细菌性病害成效，降低药物用量，2019 年 4—10 月，从广东省 3 个人工养殖场水产养殖动物体内分离维氏气单胞菌及无乳链球菌菌株共计 64 株，测定了其对水产用抗生素类药物的敏感性，现将结果报告如下。

一、材料与方法

1. 供试菌株

2019 年 4—10 月，从广东省 3 个城市的养殖场饲养的水产养殖动物体内，分离出 32 株维氏气单胞菌和 32 株无乳链球菌。

2. 供试材料

8 种国标渔药，包括恩诺沙星、硫酸新霉素、甲砜霉素、氟苯尼考、盐酸多西环素、氟甲喹、磺胺间甲氧嘧啶钠、磺胺甲噁唑/甲氧苄啶。

3. 供试菌株最小抑菌浓度的测定

按照南京"水产养殖主要病原菌耐药性监测技术培训班"技术要求操作，采用微量稀释法，用 96 孔药敏板进行试验。定量吸取 200 μL 浓度约为 1.2×10^5 cfu/mL 的活菌液（比浊法测定）加入上述 96 孔药敏板中，置于 28 ℃ 条件下培养 18~24 h，经肉眼观察证实无细菌生长时，孔中的最低药物浓度即为药物的最小抑菌浓度（MIC）。

二、结果

1. 维氏气单胞菌对抗菌药物的感受性

维氏气单胞菌是引起水产养殖动物细菌性败血症等疾病的细菌。32 株维氏气单胞菌对各种抗菌药物感受性测定结果如表 1 至表 3 所示。

表 1　32 株维氏气单胞菌对 6 种抗菌药物的感受性

供试药物	药物浓度（μg/mL）和菌株数（株）											
	≥100	50	25	12.5	6.25	3.13	1.56	0.78	0.39	0.2	0.1	≤0.05
恩诺沙星	14		9	9								
硫酸新霉素	18	4	5	5								
甲砜霉素	11	8	5	4			2			2		
氟苯尼考	3		3		2		15	3		2	3	1
盐酸多西环素	0						17	5		8	2	
氟甲喹	0						1		20	11		

表2 32株维氏气单胞菌对磺胺间甲氧嘧啶钠的感受性

供试药物	药物浓度（μg/mL）和菌株数（株）									
	≥512	256	128	64	32	16	8	4	2	≤1
磺胺间甲氧嘧啶钠	0						1	3	20	8

表3 32株维氏气单胞菌对磺胺甲噁唑/甲氧苄啶的感受性

供试药物	药物浓度（μg/mL）和菌株数（株）									
	≥512/ 102.4	256/ 51.2	128/ 25.6	64/ 12.8	32/ 6.4	16/ 3.2	8/ 1.6	4/ 0.8	2/ 0.4	≤1/ 0.2
磺胺甲噁唑/甲氧苄啶	22		7	3						

2. 无乳链球菌对各种抗菌药物的感受性

无乳链球菌是引起水产养殖动物特别是罗非鱼等细菌性疾病的重要病原菌。32株无乳链球菌对各种抗菌药物的感受性测定结果如表4至表6所示。

表4 32株无乳链球菌对6种抗菌药物的感受性

供试药物	药物浓度（μg/mL）和菌株数（株）											
	≥100	50	25	12.5	6.25	3.13	1.56	0.78	0.39	0.20	0.10	≤0.05
恩诺沙星		2	3	7	9	3	5	2	1			
硫酸新霉素		1		1	5	5	9	7	4			
甲砜霉素		3	1	7	3	5	4	4	5			
氟苯尼考						4	4	3	3	10	4	4
盐酸多西环素				3	4	7	3	4	1		5	5
氟甲喹		13	7	6	6							

表5 32株无乳链球菌对磺胺间甲氧嘧啶钠的感受性

供试药物	药物浓度（μg/mL）和菌株数（株）									
	≥256	128	64	32	16	8	4	2	1	≤0.5
磺胺间甲氧嘧啶钠	32									

表6 32株无乳链球菌对磺胺甲噁唑/甲氧苄啶的感受性

供试药物	药物浓度（μg/mL）和菌株数（株）									
	≥256/ 51.2	128/ 25.6	64/ 12.8	32/ 6.4	16/ 3.2	8/ 1.6	4/ 0.8	2/ 0.4	1/ 0.2	≤0.5/ 0.1
磺胺甲噁唑/甲氧苄啶	30	2								

三、分析与建议

1. 关于水产养殖动物分离菌药物感受性

不同抗生素的药敏试验的敏感性结果判定标准有所不同，参照美国临床实验室标准化委员会的标准，对药物的敏感性及耐药性判定范围划分如下：氟苯尼考、恩诺沙星及硫酸新霉素（S 敏感：MIC≤2 μg/mL，I 中敏：MIC＝4 μg/mL，R 耐药：MIC≥8 μg/mL）；盐酸多西环素（S 敏感：MIC≤4 μg/mL，I 中敏：MIC＝8 μg/mL，R 耐药：MIC≥16 μg/mL）；氟甲喹、甲砜霉素（S 敏感：MIC≤8 μg/mL，I 中敏：MIC＝16 μg/mL，R 耐药：MIC≥32 μg/mL）；磺胺类（S 敏感：MIC≤9.5 μg/mL，I 中敏：MIC＝38 μg/mL，R 耐药：MIC≥76 μg/mL）；磺胺甲噁唑/甲氧苄啶（S 敏感：MIC≤38/2 μg/mL，I 中敏：MIC＝76/4 μg/mL，R 耐药：MIC≥152/8 μg/mL）。依据这一划分范围，将所有抗菌药物对各表中菌株的 MIC 测定结果进行判定，得出了所有菌株对各抗生素的感受性结果，如表 7、表 8 所示。

表 7　32 株维氏气单胞菌对抗生素感受性测定结果（株）

抗生素	S 敏感	I 中敏	R 耐药
恩诺沙星			32（100%）
硫酸新霉素			32（100%）
甲砜霉素	4（12.5%）	9（28.125%）	19（59.375%）
氟苯尼考	24（75%）	2（6.25%）	6（18.75%）
盐酸多西环素	32（100%）		
氟甲喹	32（100%）		
磺胺间甲氧嘧啶钠	32（100%）		
磺胺甲噁唑/甲氧苄啶	10（31.25%）		22（68.75%）

注：表中括号前为菌株数，括号内数字为百分比。

表 8　32 株无乳链球菌对抗生素感受性测定结果（株）

抗生素	S 敏感	I 中敏	R 耐药
恩诺沙星	8（25%）	12（37.5%）	12（37.5%）
硫酸新霉素	20（62.5%）	9（28.13%）	3（9.38%）
甲砜霉素	21（65.63%）	8（25%）	3（9.38%）
氟苯尼考	28（87.5%）	4（12.5%）	
盐酸多西环素	29（90.63%）	3（9.38%）	
氟甲喹	6（18.75%）	13（3.13%）	13（40.63%）
磺胺间甲氧嘧啶钠			32（100%）
磺胺甲噁唑/甲氧苄啶	30（93.75%）	2（6.25%）	

注：表中括号前为菌株数，括号内数字为百分比。

2. 关于目前选择用药的建议

从目前的结果看，2019 年从广东省 3 个城市分离的 32 株维氏气单胞菌对 8 种抗菌药物的感受性，除恩诺沙星、硫酸新霉素、甲砜霉素和氟苯尼考不敏感外，对盐酸多西环素、氟甲喹和磺胺间甲氧嘧啶钠最为敏感。建议选择盐酸多西环素、氟甲喹和磺胺间甲氧嘧啶钠等抗菌药物进行细菌性疾病的治疗。

2019年从广东省3个城市分离的32株无乳链球菌，除对磺胺间甲氧嘧啶钠和氟甲喹药物耐受性比较高外，其他药物对病原菌的杀灭效果都较理想。建议选用磺胺甲噁唑/甲氧苄啶、盐酸多西环素和氟苯尼考等药物进行无乳链球菌细菌性疾病的治疗。

2019 年广西壮族自治区水产养殖动物病原菌耐药性状况分析

胡大胜[1]　梁静真[2]　黎姗梅[1]　施金谷[1]

（1. 广西壮族自治区水产技术推广站　2. 广西大学）

2019 年广西壮族自治区开展了养殖罗非鱼无乳链球菌耐药性监测工作，以掌握养殖罗非鱼无乳链球菌的耐药性情况，为科学用药的普及提供技术支撑。现将监测结果发布如下。

一、材料与方法

1. 供试药物

96 孔药敏板共有 8 种国标渔药，包括恩诺沙星、硫酸新霉素、甲砜霉素、氟苯尼考、盐酸多西环素、氟甲喹、磺胺间甲氧嘧啶钠、磺胺甲噁唑/甲氧苄啶。

2. 病原菌分离

2019 年，从南宁市、合浦县、陆川县等地养殖场饲养的罗非鱼体中选取有典型病征的个体进行活体解剖，选取心脏、肝脏、脑、脾脏等病灶部位接种于添加 5.0％羊血的 BHI 培养基上，分离病原菌。受试菌的采样时间、养殖场（户）数及罗非鱼数量见表 1。

表 1　广西罗非鱼耐药普查受试菌采集情况表

取样时间	养殖场（户）	罗非鱼（尾）	无乳链球菌（株）
20190616	2	6	2
20190619	2	6	2
20190622	1	3	1
20190623	4	12	4
20190625	5	15	5
20190627	5	15	5
20190630	2	6	2
20190706	1	3	1
20190707	2	6	2
20190712	1	3	2
20190729	2	4	4
合计	27	79	30

3. 病原菌纯化与鉴定保存

样品运输回实验室后，30 ℃培养 16～18 h，取优势菌落进行细菌分离、纯化。应用梅里埃生化鉴定仪以及分子生物学（PCR）方法进行细菌属种鉴定，共分离到 30 株无乳链球菌。

4. 无乳链球菌对抗菌药物的感受性检测

按照《水产养殖主要病原菌耐药性监测技术》规范操作要求进行无乳链球菌对抗菌药物的感受性检测。

5. 无乳链球菌对抗菌药物的耐药性判断标准

参照美国临床实验室标准研究所标准，对药物的敏感性及耐药性判定范围划分如下：诺氟沙星类及盐酸多西环素（S 敏感：MIC≤2 μg/mL，I 中敏：MIC＝4 μg/mL，R 耐药：MIC≥8 μg/mL），磺胺类（S 敏感：MIC≤9.5 μg/mL，R 耐药：MIC≥76 μg/mL），氟苯尼考、甲砜霉素及硫酸新霉素（S 敏感：MIC≤4 μg/mL，I 中敏：MIC＝8 μg/mL，R 耐药：MIC≥16 μg/mL）。

二、结果

1. 分离菌对抗菌药物的感受性

30 株无乳链球菌对各种抗菌药物的最小抑菌浓度和相应菌株数量详见表 2。

表 2　30 株无乳链球菌的 MIC（μg/mL）

菌　　株	恩诺沙星	硫酸新霉素	甲砜霉素	氟苯尼考	盐酸多西环素	氟甲喹	磺胺间甲氧嘧啶钠	磺胺甲噁唑/甲氧苄啶
GNGA190625TL	0.78	12.5	6.25	3.13	0.2	0.78	128	32/6.4
GNGB190625TL	0.78	12.5	6.25	3.13	0.39	0.78	128	32/6.4
GNGC190625TL	0.78	12.5	6.25	3.13	0.2	0.78	128	32/6.4
GNGD190625TL	0.78	12.5	6.25	3.13	0.2	0.78	128	32/6.4
GHSA190627TB	0.78	12.5	6.25	3.13	0.2	0.39	138	16/3.2
GHSB190627TL	0.78	12.5	6.25	3.13	0.2	0.78	128	32/6.4
GHX190627TB	0.78	12.5	6.25	3.13	0.2	0.39	128	16/3.2
GHNA190627TB	0.78	12.5	6.25	3.13	0.2	0.39	128	32/6.4
GHNB190627TH	0.78	12.5	6.25	3.13	0.2	0.39	128	32/6.4
GHCA190616TH	0.78	6.25	6.25	3.13	0.2	0.39	128	32/6.4
GHCB190616TL	0.78	12.5	6.25	3.13	0.2	0.78	128	16/3.2
GHL190625TL	0.78	12.5	6.25	3.13	0.2	1.56	128	32/6.4
GHHA190623TB	0.78	12.5	6.25	3.13	0.2	0.78	128	32/6.4
GHHB190623TL	0.78	12.5	6.25	3.13	0.2	1.56	128	32/6.4
GHGA190623TB	0.78	12.5	6.25	3.13	0.2	1.56	128	16/3.2
GHGB190623TL	0.78	12.5	6.25	3.13	0.2	0.39	128	16/3.2
GHY190622TB	0.78	12.5	6.25	3.13	0.2	0.78	128	32/6.4
GHPA190619TB	0.78	12.5	6.25	3.13	0.2	1.56	128	32/6.4
GHPB190619TL	0.78	12.5	6.25	3.13	0.2	1.56	128	32/6.4

菌　株	恩诺沙星	硫酸新霉素	甲砜霉素	氟苯尼考	盐酸多西环素	氟甲喹	磺胺间甲氧嘧啶钠	磺胺甲噁唑/甲氧苄啶
GHA190712TB	1.56	12.5	6.25	3.13	0.39	3.13	128	64/12.8
GHA190712TL	1.56	12.5	6.25	3.13	0.2	1.56	128	32/6.4
GHC190706TL	0.78	12.5	6.25	3.13	0.39	3.13	64	32/6.4
GHLA190630TB	0.78	12.5	6.25	3.13	0.39	3.13	128	64/12.8
GHLB190630TL	1.56	12.5	6.25	3.13	0.39	0.78	128	128/25
GHHA190707TL	1.56	12.5	6.25	6.25	0.39	3.13	128	16/3.2
GHHB190707TS	0.78	25	6.25	3.13	0.39	3.13	128	128/25
GLZB190729TH	1.56	12.5	6.25	6.25	0.78	1.56	128	32/6.4
GLZC190729TH	0.78	25	6.25	3.13	0.2	1.56	128	128/25
GLZC190729TL	0.78	25	6.25	3.13	0.2	1.56	128	128/25
GLZC190729TB	0.78	25	6.25	3.13	0.78	3.13	128	64/12.8

表 2 结果显示，恩诺沙星和盐酸多西环素的最小抑菌浓度均小于 2 μg/mL，为敏感。29 株菌株对磺胺间甲氧嘧啶钠的最小抑菌浓度≥76 μg/mL，耐药性较高。30 株无乳链球菌对各种抗菌药物的最小抑菌浓度与相应菌株数量见表 3。

表 3　30 株无乳链球菌对各种抗菌药物的最小抑菌浓度与相应菌株数量

供试药物	不同数值的最小抑菌浓度（μg/mL）/相应菌株数量（株）			
恩诺沙星	0.78/25	1.56/5		
硫酸新霉素	6.25/1	12.5/25	25/4	
甲砜霉素	6.25/30			
氟苯尼考	3.13/27	6.25/3		
盐酸多西环素	0.2/21	0.39/7	0.78/2	
氟甲喹	0.39/6	0.78/9	1.56/9	3.13/6
磺胺间甲氧嘧啶钠	64/1	128/29		
磺胺甲噁唑/甲氧苄啶	(16/3.2)/6	(32/6.4)/17	(64/12.8)/3	(128/25)/4

2. 罗非鱼无乳链球菌的耐药性

2019 年广西养殖罗非鱼分离到的 30 株无乳链球菌对不同的抗生素类药物表现出不同程度的敏感性和耐药性，检测结果详见表 4。

表 4　30 株无乳链球菌对抗生素的耐药性测定结果（%）

药物种类	S 敏感	I 中敏	R 耐药
恩诺沙星	100.0	0	0
硫酸新霉素	0	86.7	13.3
甲砜霉素	0	100.0	0

（续）

药物种类	S 敏感	I 中敏	R 耐药
氟苯尼考	90.0	10.0	0
盐酸多西环素	100.0	0	0
氟甲喹	80.0	20.0	0
磺胺间甲氧嘧啶钠	0	3.3	96.7
磺胺甲噁唑/甲氧苄啶	0	76.7	23.3

三、分析与建议

1. 关于养殖罗非鱼无乳链球菌的耐药性

因广西鱼病诊疗服务没有得到普及，许多罗非鱼主养区域的县级水产技术推广站没有开展鱼病诊疗服务，发生病情后，养殖户只能寻求饲料售后人员或兽药销售人员开方治疗，多以 3～5 种抗生素联合使用，更有甚者还在其中添加非国标水产用兽药（如头孢类抗生素），病情可控但无法治愈，导致链球菌的耐药性越来越严重。监测结果显示，磺胺类药物作为防治养殖罗非鱼链球菌病常用药物，使无乳链球菌产生高度耐药性，给养殖罗非鱼链球菌病的防控带来了更大困难。

2. 关于养殖罗非鱼链球菌病防控用药建议

监测结果显示，恩诺沙星、盐酸多西环素的敏感率为 100.0%，保持了较高的敏感性，为治疗广西无乳链球菌病的首选药物；其次是氟苯尼考和氟甲喹，敏感率依次为 90.0% 和 80.0%，仍可用于广西罗非鱼无乳链球菌病防控。

2019 年重庆市水产养殖动物病原菌耐药性状况分析

陈玉露　朱　涛　张利平　冉　路

（重庆市水产技术推广总站）

为推进渔业转型升级，提高水产品质量安全水平，促进水产养殖用药减量增效，推进渔业绿色发展，2019 年重庆市水产技术推广总站开展了水产养殖动物病原菌微生物耐药性监测工作，具体情况如下。

一、材料和方法

1. 供试药物

由全国水产技术推广总站统一提供 96 孔药敏板，包括恩诺沙星、硫酸新霉素、甲砜霉素、氟苯尼考、盐酸多西环素、氟甲喹、磺胺间甲氧嘧啶钠、磺胺甲噁唑/甲氧苄啶。

2. 监测点情况

选择了永川、荣昌 2 个区县的 4 个监测点。永川：赖凤平渔场、金平春渔场。荣昌：邓开成养殖场、龙集高养殖场。

3. 监测时间

2019 年 4—10 月，每个监测点每月采样 1 次，每次样品数 20 尾。

4. 监测品种

鲫。

二、监测结果

1. 病原菌耐药性的总体情况

全年在 4 个监测点共采样 7 次，分离出病原菌 53 株。其中气单胞菌属最多，43 株；假单胞菌属 8 株，爱德华氏菌属 2 株。从统计数据可以直观看出，4 个监测点鱼体对抗菌药物均出现不同程度的耐药性。病原菌对氟甲喹的耐药率最高，达到 87%；对恩诺沙星最为敏感，对盐酸多西环素、硫酸新霉素、氟苯尼考、甲砜霉素、磺胺甲噁唑/甲氧苄啶、磺胺间甲氧嘧啶钠的敏感度逐渐降低。

2. 气单胞菌属的抗菌药物耐药性情况

在所有监测的数据中，共分离出气单胞菌属病原菌 43 株，其中嗜水气单胞菌 17 株、气单胞菌 13 株、维氏气单胞菌 12 株、点状气单胞菌 1 株。气单胞菌属占病原菌总数的 81.1%，是导致永川区和荣昌区养殖场患病的主要病原菌。

按菌株种类统计其对所检测药物的耐药率和加权平均 MIC，结果见表 1、表 2。从表中可以看出嗜水气单胞菌、气单胞菌、维氏气单胞菌、点状气单胞菌对恩诺沙星、硫酸新霉素、盐酸多西环素和磺胺甲噁唑/甲氧苄啶均表现为 100% 敏感。其中嗜水气单胞菌对甲砜霉素、氟苯尼考和磺胺间甲氧嘧啶钠的耐药率为 5.88%，对氟甲喹的耐药率为 100%；气单胞菌对磺胺间甲氧嘧啶钠 100%敏感，对甲砜霉素、氟苯尼考的耐药率为 5.88%，对氟甲喹的耐药率为 92.31%；维氏气单胞菌和点状气单胞菌均对氟甲喹耐药率为 100%，对其他 7 种药物 100%敏感。

表 1 不同种类气单胞菌的耐药性情况

供试药物	耐药率（%）			
	嗜水气单胞菌	气单胞菌	维氏气单胞菌	点状气单胞菌
恩诺沙星	0.00	0.00	0.00	0.00
硫酸新霉素	0.00	0.00	0.00	0.00
甲砜霉素	5.88	5.88	0.00	0.00
氟苯尼考	5.88	5.88	0.00	0.00
盐酸多西环素	0.00	0.00	0.00	0.00
氟甲喹	100.00	92.31	100.00	100.00
磺胺间甲氧嘧啶钠	5.88	0.00	0.00	0.00
磺胺甲噁唑/甲氧苄啶	0.00	0.00	0.00	0.00

表 2 不同抗菌药物对不同种类气单胞菌的 MIC（μg/mL）

供试药物	嗜水气单胞菌	气单胞菌	维氏气单胞菌	点状气单胞菌
恩诺沙星	1.21	0.42	0.48	0.2
硫酸新霉素	4.56	3.04	3.84	6.25
甲砜霉素	4.20	16.54	4.95	12.5
氟苯尼考	1.14	1.30	0.98	3.13
盐酸多西环素	7.19	1.79	3.87	12.5
氟甲喹	不敏感	不敏感	不敏感	不敏感
磺胺间甲氧嘧啶钠	25	48.69	22	128
磺胺甲噁唑/甲氧苄啶	35/7	22/2.9	6/1.3	16/3.2

从表 2 中可以看出，恩诺沙星对 4 种气单胞菌的 MIC 在 0.2～1.21 μg/mL，氟苯尼考对 4 种气单胞菌的 MIC 在 0.98～3.13 μg/mL，硫酸新霉素对 4 种气单胞菌的 MIC 在 3.04～6.25 μg/mL，相差较小。甲砜霉素对 4 种气单胞菌的 MIC 在 4.20～16.54 μg/mL，盐酸多西环素对 4 种气单胞菌的 MIC 在 1.79～12.5 μg/mL，相差较大。

3. 假单胞菌属的抗菌药物耐药性情况

在监测数据中，分离出假单胞菌属 8 株，其中假单胞菌 4 株，苔藓假单胞菌 2 株，恶臭假单胞菌 1 株，荧光假单胞菌 1 株。

按菌株种类统计其对所检测药物的耐药率和加权平均 MIC，结果见表 3、表 4。从表中可以看出假单胞菌、苔藓假单胞菌、恶臭假单胞菌、荧光假单胞菌对恩诺沙星、硫酸新霉素、盐酸多西环素和磺胺甲噁唑/甲氧苄啶均表现为 100％敏感。其中假单胞菌对氟苯尼考和氟甲喹的耐药率为 50％，对甲砜霉素和磺胺间甲氧嘧啶钠的耐药率为 75％；苔藓假单胞菌对氟苯尼考 100％敏感，对磺胺间甲氧嘧啶钠的耐药率为 50％，对甲砜霉素和氟甲喹的耐药率为 100％；恶臭假单胞菌对磺胺间甲氧嘧啶钠的耐药率为 100％，对其他 7 种药物 100％敏感；荧光假单胞菌对甲砜霉素、氟苯尼考和磺胺间甲氧嘧啶钠的耐药率为 100％。

表 3　不同种类假单胞菌的耐药性情况

药物名称	耐药率（％）			
	假单胞菌	苔藓假单胞菌	恶臭假单胞菌	荧光假单胞菌
恩诺沙星	0.00	0.00	0.00	0.00
硫酸新霉素	0.00	0.00	0.00	0.00
甲砜霉素	75.00	100.00	0.00	100.00
氟苯尼考	50.00	0.00	0.00	100.00
盐酸多西环素	0.00	0.00	0.00	0.00
氟甲喹	50.00	100.00	0.00	0.00
磺胺间甲氧嘧啶钠	75.00	50.00	100.00	100.00
磺胺甲噁唑/甲氧苄啶	0.00	0.00	0.00	0.00

表 4　不同种类假单胞菌的 MIC（$\mu g/mL$）

药物名称	假单胞菌	苔藓假单胞菌	恶臭假单胞菌	荧光假单胞菌
恩诺沙星	0.88	0.49	0.78	0.2
硫酸新霉素	1.96	1.17	0.39	0.78
甲砜霉素	3.13	不敏感	200	不敏感
氟苯尼考	100.39	150	100	不敏感
盐酸多西环素	0.83	1.17	0.39	0.39
氟甲喹	200	不敏感	200	200
磺胺间甲氧嘧啶钠	16	512	不敏感	不敏感
磺胺甲噁唑/甲氧苄啶	96/19.3	96/19.2	64/12.8	128/25.6

　　从表 4 中可以看出，恩诺沙星对 4 种假单胞菌的 MIC 在 0.2～0.88 $\mu g/mL$，硫酸新霉素在 0.39～1.96 $\mu g/mL$，盐酸多西环素在 0.39～1.17 $\mu g/mL$，相差较小。甲砜霉素和磺胺间甲氧嘧啶钠的 MIC 相差较大。

　　4. 爱德华氏菌属的抗菌药物耐药性情况

　　分离出爱德华氏菌属 2 株，其中爱德华氏菌 1 株，迟缓爱德华氏菌 1 株，其 MIC 结果见表 5。从表中可以看出爱德华氏菌对 8 种药物均呈现出 100％敏感，迟缓爱德华氏菌对磺胺甲噁唑/甲氧苄啶不敏感。

表5 不同种类爱德华氏菌的 MIC (μg/mL)

药物名称	爱德华氏菌	迟缓爱德华氏菌
恩诺沙星	敏感	0.78
硫酸新霉素	1.56	3.13
甲砜霉素	50	25
氟苯尼考	1.56	0.78
盐酸多西环素	0.78	6.25
氟甲喹	6.25	3.13
磺胺间甲氧嘧啶钠	16	32
磺胺甲噁唑/甲氧苄啶	32/6.4	不敏感

三、分析与建议

永川区和荣昌区养殖场的鲫体内分离出的病原菌对水产常用抗菌药物出现不同程度的耐药性,其中对恩诺沙星最为敏感,对盐酸多西环素、硫酸新霉素、氟苯尼考、甲砜霉素的耐药性均较低。因此,当养殖场发生细菌性疾病时,可优先选用恩诺沙星、盐酸多西环素、硫酸新霉素、氟苯尼考、甲砜霉素进行治疗。

需要注意的是氟苯尼考、甲砜霉素在使用过程中,容易使病原菌短时间内产生较高的耐药性,同时这两种药物属于剂量依赖性药物,因此应慎用。如需使用,需要一次给足剂量,并延长药物的使用间隔时间。